JN001273

VERMICULAR
BRAND BOOK

VERMICULAR
BRAND BOOK

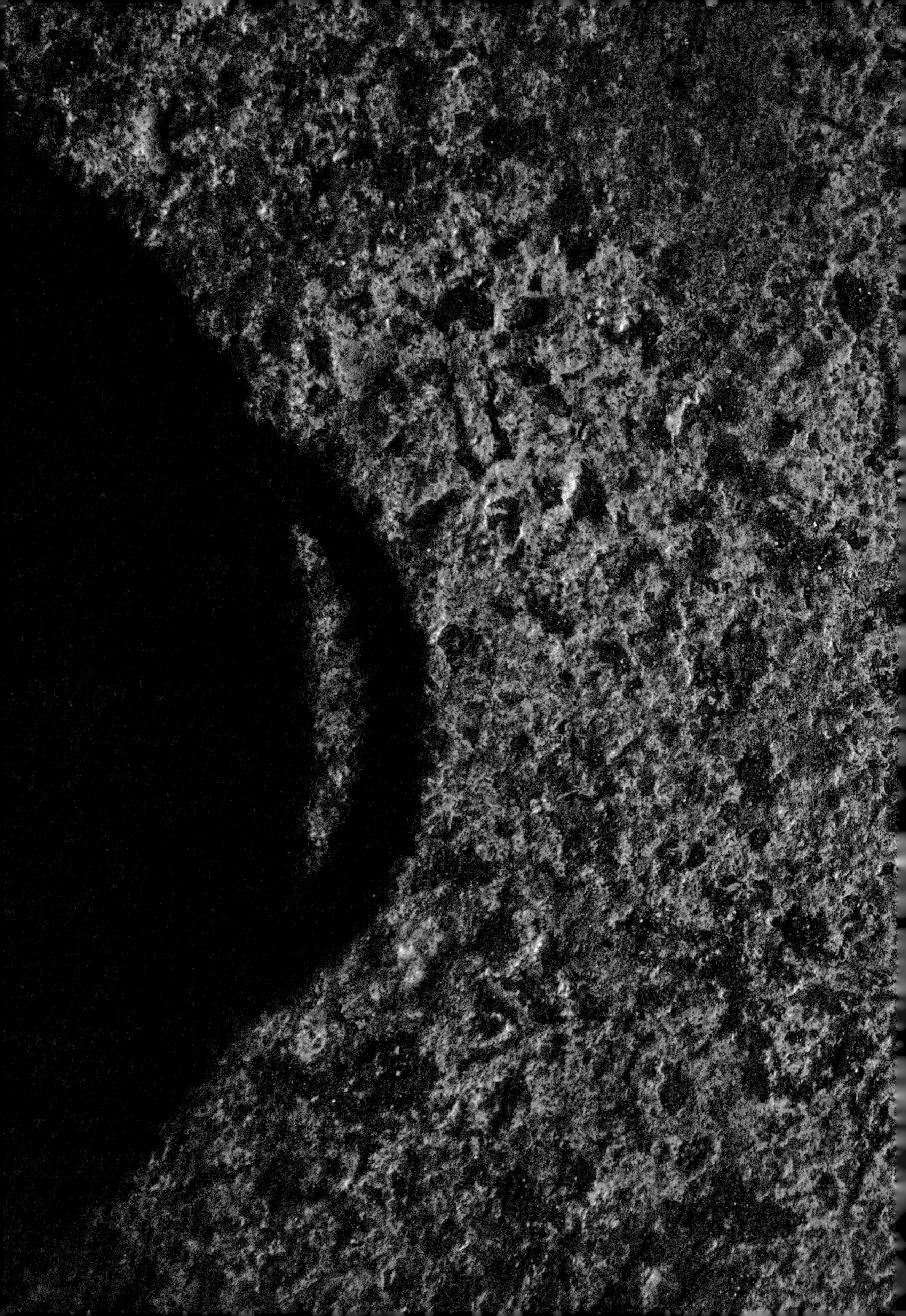

女神が微笑んだ、バーミキュラ

「カンブリア宮殿」という私がMCを務めるTV番組に、「愛知ドビー」という会社が出演する、「バーミキュラ」という商品がある、と知って、「あれ、聞き覚えがあるな」と思った。「愛知ドビー」ではなく「バーミキュラ」のほうだ。キッチンまで行って、確かめた。キッチンのほぼ中心に置いてあり、最初にその鍋で調理したローストビーフを食べた日のことも思い出した。「誰か、別の人がつくったんだろう」「高い肉を買ったんだろう」そう思ったのだった。そのくらい、違った。

バーミキュラの製品化まで、開発にあたった土方邦裕氏（社長）と智晴氏（副社長）の兄弟には、長く険しい道のりが必要だった。会社名である「愛知ドビー」のドビーというのが何なのか、きっと誰もわからないだろう。ドビーとは「織り」の1種で、「愛知ドビー」は、1936年創業の鋳造メーカーで、ドビー織機、それに精密機械部品をつくっていた。「鋳造」と「精密機械加工」の技術があったので、兄弟は、会社の後を継いで、下請けから脱するために、「無水調理が可能な精密な鋳物ホーロー鍋」をつくろうと決め、比較的簡単にできると考えた。

だが、それは大きな誤算で、鋳物にホーローを吹き付ける技術は、日本ではほとんど実績がなかった。鋳物にホーローを焼き付けるために約800℃で焼成するが、鋳物の組成が変わり、含まれる炭素が気体になり、ホーローの表面に泡のような欠陥ができてしまう。他にも無理難題が山ほどあった。その開発は「難しかった」というレベルではなく、個人的な意見だが「ほぼ不可能に近いもの」だった。そもそも兄弟は、それまで、それぞれ、為替ディーラー、トヨタの経理財務部勤務で、鋳物とはまったく関係ない仕事をしていて、開発は「基本の基本」からはじめなければいけなかった。

こうやって書いていくと際限がない。しかしそれにしても、兄弟はなぜあきらめなかったのか。「あきらめなかった」というより、「もうあきらめることができない」地点に立ってしまったのだ。過去の研究文献にあたり、最適な鋳物素材を求めて全国の専門家・研究機関を訪ね、さらに全国のホーロー加工業者10社以上に協力を求めた。できることは、すべてやった。

そうやって「バーミキュラ」は誕生した。これも私見だが、「奇跡が起こった」としか思えない。そして、奇跡は、実際に起こる。ありとあらゆる努力と工夫を重ねた場合に限り、女神が微笑む。女神が協力した鍋なのだ。その鍋で調理された料理が、素材を活かして特別な風味を醸し出し、食生活を変えてしまう可能性、インパクトを持つのは、当然のことだろう。

村上龍.

むらかみ・りゅう●1952年長崎県生まれ。『限りなく透明に近いブルー』で第75回芥川賞受賞。『コインロッカー・ベイビーズ』『半島を出よ』『55歳からのハローライフ』など多数の著作がある。『トパーズ』『KYOKO』は映画化され、監督も務めた。最新作は『すべての男は消耗品である。最終巻』。メールマガジン「JMM」を主宰。テレビ東京「カンブリア宮殿」にメインインタビュアーとして出演中。

CONTENTS

CHAPTER 1

The first time to meet VERMICULAR

自然豊かな島国、日本

四方八方を海に囲まれた島国、日本。大小の無数の島々を率いた列島は、ユーラシア大陸の極東に弧を描いています。国土面積は約37万8000平方キロメートルで南北に細長いことから北海道は寒冷地、沖縄は熱帯地と地域によって大きな気候差が生まれています。さらに列島の真んなかに背骨のようにそびえる高い山々の影響により、太平洋側と日本海側でも気候は大きく異なります。

日本の山は切り立ち、海が迫り、森林は国土の70％近くを占め、豊富な自然が残されています。緑豊かな森林は、天からの恵みの雨を地面に通すことで水をたくわえ、植物や野生生物の命を守ります。湧き出した水はしだいに集まり急な流れをつくり川となり、海に向かって進むあいだに、農業用水、飲み水の水源として、人間の暮らしを潤します。

海に流れ込んだ水は海水と混じり合い、栄養豊かな汽水域をつくり、様々な種類の魚や貝、それを食べる鳥たちが集まってきます。大陸棚や海溝のある海底は変化に富み生き物たちの住みかになります。日本近海では暖流と寒流がぶつかり、世界でもまれな海洋生物の宝庫となっています。

このように、日本は小さな島国ながら、変化に富んだ国土に恵まれています。そうした環境を背景に、地域によって異なる文化が生まれ、固有の食生活が長い時間をかけて培われてきたのです。

食と信仰

日本人は四季の変化を敏感に感じ、年中行事や祭りを行うことで、その季節の移り変わりを体のなかにとり込み、生と死、そして蘇りを意識して暮らしてきました。そんな暮らしのなかで古来より、自然世界にある森羅万象に対して感謝と畏敬の念を抱き、すべてのものに目に見えない「八百万（ヤオヨロズ）の神」が宿ると信じてきました。

弥生時代に稲作が伝わると日本は「豊葦原瑞穂国（トヨアシハラノミズホノクニ）」（『日本書紀』より）と呼ばれ、稲作は日本文化に深く根づきました。春には田植え、秋には稲刈り。陽の光や雨は、稲の成長に不可欠です。日々の天気や突然の災害は神のみぞ知る予測不能な出来事であり、神を畏れ、また敬うなかで、信仰が生まれ、季節ごとに豊作を祈る神事が行われるようになっていったのです。

四季の移り変わりは、米だけでなく豊富な食材からも感じ取れます。「海の幸」「山の幸」「里の幸」には栄養豊富な「旬」があり、その食材によってその時期は異なります。

日本人は一年を通じて多彩な「旬」の味覚を楽しんできました。その土地ならではの郷土料理、正月や特別な日にいただく「ハレ」の料理も、この「旬」を敏感にとらえ、また最大限に楽しむためのものでした。

食と素材

自然の恵みと四季に育まれた日本人の豊かな食文化は海外からも高く評価されています。2013年12月には「和食」がユネスコ無形文化遺産に登録されました。ユネスコは「和食」を、料理そのものではなく、「自然を尊ぶ」という日本人の気質に基づいた「食」に関する「習わし」であると位置付けています。

和食では季節の移ろいを繊細な感覚で素材を活かして表現します。例えば同じ素材の旬を表す言葉でも「はしり・旬・名残」と、移ろいあるものとして調理法を変えていきます。

「はしり」は、出はじめ、いわゆる「初物」で、食材により季節の訪れを知ることができます。

「旬」は食べ頃を迎える最盛期。一番おいしく食べられる時期で、栄養価も高まります。

「名残」は、旬の過ぎた食材を惜しみ、季節の余韻を楽しみます。

「はしり・旬・名残」にはそれぞれ違った味わいがあり、海の幸、山の幸、里の幸と、状況に応じて、同じ季節にとれる旬の食材を組み合わせます。その出会いが、食材のおいしさを引き立てあうのです。

食材とは、自然から「命をいただく」もの。それは「いただきます」という食事の挨拶にも表れています。

新しい季節の到来を心待ちにする気持ち。去りゆく季節を惜しみつつ、次の年に、ふたたび出会えることを心待ちにして、食材をいただく姿勢。自然への感覚を研ぎ澄ませ、人智を超えた神々の存在に感謝しつつ、素材を活かして、大切に使い切る知恵こそが「伝統的な日本人の食文化」の原点です。

SPECIAL INTERVIEW

Styist: Atsushi Okubo
Hair&Make up: Takahiro Kanayama(KOOGEN)

伝統を荒らすことで
新たな伝統が生まれる

市川 海老蔵
Ichikawa Ebizo

父・十二代目團十郎の教えですが、伝統文化を変えることは許されない。しかし荒らさないと新しいものは生まれない。波風は立つけれども、荒らす振れ幅が大きければ大きいほど攪拌され、伝統はさらに深いものになる。多くの人に見ていただくためには、現代という時代に対して自分の存在をどう位置付けるかが何より大切です。演目や役に対する解釈をつねに更新できなければ、歌舞伎に関わる意味がない。その結果として、新たな伝統が誕生します。それには勇気と覚悟、何よりも強い気構えを必要としますが、それが見る人を喜ばせることにつながると信じています。

伝統について考えるたびに、役者としての父を思うことが増えました。父はどう考えていたのか、何を思って演じていたのかを尋ねても、答えが返ってくることはありません。想像上の対話を通して、生前より父の存在は私のなかで大きなものになりつつあります。父は事実、スケールの大きな役者でした。團十郎とはこうであろうというおおらかさと細部まで行き届いた考え方を持っていました。その團十郎の重みを今、私自身、強く受け止めています。

市川海老蔵／Ichikawa Ebizo

1977年12月　十代目市川海老蔵（十二代目市川團十郎）の長男として東京に生まれる
1983年 5月　歌舞伎座にて『源氏物語』の“春宮”で初お目見得
1985年 5月　歌舞伎座にて『外郎売』の“貴甘坊”をつとめ、七代目市川新之助を襲名。以後、数々の舞台をつとめる
2004年 5月　十一代目市川海老蔵を襲名

――歌舞伎のために生きていく

歌舞伎役者として大事なのは、その家柄の匂いや香りです。「荒事」を得意とする成田屋は、歌舞伎の原型をつくり上げ、歌舞伎十八番、新歌舞伎十八番を代々受け継いできた家柄、勇壮で豪快な芝居を守ってきました。どうしたらその存在感を演じ切れるのか。その意味を日々考え続けています。

望むと望まざるとにかかわらず、歌舞伎の家に生まれたからには、役割があって今の自分がいるはずです。350年前から連綿と続いてきた市川團十郎家として、残すものは地位でも名誉でもなく、人を育てることが重要だと感じます。「私は私」という訳でなく、父や先祖たちが行った行為が、そのまま私になっている。歌舞伎のために生きていく。受け継がれてきた伝統を、一つひとつ確実に、次の世代へ繋いでいきたいと思います。

歌舞伎の舞台に立つことは、想像以上に重労働です。身に着ける衣装は重く、六方で足を踏み、大声で見えを切る。公演中は毎日、くり返しの時間のなかに身を置くことにより、体のコンディションを普段よりも極端に感じやすくなります。歌舞伎役者にとって舞台に立ち続けることの証しは、体に対して年々敏感になってゆく、その感覚の積み重ねにあるのかもしれません。

水を足さず野菜を煮込んでいけば栄養を逃さないということで、闘病生活で噛むことが難しくなってきた妻のためにつくったスープ。妻の亡き後、このスープのレシピだけが残った。カレールーを入れたらおいしいのではないかと試してみたら、案外、子どもたちに評判で、このレシピでカレーをつくるようになった。野菜ベースに鶏肉を入れたヘルシーなオリジナルレシピ。ときどき食べたいと子どもたちにせがまれる。
※写真はイメージです

――麻央のためにつくった野菜スープがカレーの原点

地方公演でも生活のリズムは崩さないよう心がけ、トレーニングを怠らず、食事も事前に同じものを用意します。それでもバランスが乱れるので、公演後に戻す努力を要します。ただし同じことを過度に続けると体への負荷がかかるので、野菜を中心に、全身の細胞が更新される90日間を意識し、毎朝のメニューを変更するなど、細かい調整を行っています。

一般的に役者の体は5年サイクルで変化するといわれています。食、睡眠、一日のリズム。体の発するメッセージを敏感に受け取り、「食」への配慮が必要だと感じ、この6、7年掛けて考え方をシンプルに、無駄を削ぎ落してきました。きちんと育てられた野菜や動物を、素材を活かして調理した料理が一番体にいい。子どもたちも私の食生活を真似て、自然に健康的な食事を率先して食べるようになってきました。

役者の諸先輩方のなかには、舞台の過酷な状況下で、昼は蕎麦と決めたら蕎麦というふうに、公演の1カ月間、同じ時刻に同じ品目を食べ続ける方が多くいらっしゃいます。実は、明治生まれの祖父・十一代目團十郎も、舞台に上がる前に毎日同じものを食べていたと聞いています。

物事を突き詰める純粋性は、何事にも大切だと思われます。徹底してはじめてわかることがあり、徹底しなければそれはわからない。食・体・舞台は三位一体。それが今の私の持論です。

CHAPTER 2

The way of VERMICULAR

「ものづくり日本一」の地を支えた 東洋一の大運河の衰退

愛知ドビー株式会社（以下、愛知ドビー）は、かつて「東洋一の大運河」と称された名古屋市の中川区、港区を流れる中川運河のほとりにあります。

「ものづくり日本一」といわれる中部地方の中心を占める愛知県は、「自動車」「鉄鋼」「工作機械」「航空宇宙産業」「産業用ロボット」などの工業製品の出荷額が33年間日本一で、日本の経済とものづくりを牽引しています（2010年統計）。

また、愛知県は機械金属にかかわる地場産業に「自動車」「工作機械」「繊維機械」「木工機械」「銑鉄鋳物」「金型」を位置付けており、中川運河の周辺にもこういった産業が営みを続けてきました。

名古屋港は物流の拠点であり、海への玄関口として、国内のみならず、世界の約150の国と地域とつながっています。その名古屋港とものづくり地域をつなぐ三大運河の一つが、この中川運河です。もとになった中川は、名古屋城築城のときに、石垣に使う石を運搬したともいわれています。

中川運河は、名古屋駅近くの堀留からスタートし、南へ4本目の「長良橋」と、5本目の「八熊橋」のあいだに愛知ドビーがあります。運河の周辺は、海抜ゼロメートルの倉庫街で、バーミキュラを開発し、現在、代表を務める土方邦裕、智晴兄弟は子どもの頃からこの運河を眺めて暮らしてきました。

愛知ドビーの創業は1936年。その4年前の1932年に中川運河が全線開通しています。ほぼ同じ時期に生まれ、ともに栄え、ともに衰退の道を歩んできたのです。

「子どもの頃、現在の工場の場所に祖父の家があり、ぐらぐら揺れる八熊橋を渡って遊びに行っていたのですが、小学校の頃には水がすっかり汚れて、臭くて通るのが嫌なほどでした（弟）」。「水上輸送路としても使われなくなり、人びとが運河に背を向けるようになり、それと同時に、愛知ドビーも元気を失っていったのです（兄）」。

それでも兄弟は、移りゆく時代のなかで、中川運河と愛知ドビーを見守り続けてきました。

創業者の祖父は、わが道を行くタイプながら、現場の職人をよく理解し、「神様みたいな人だった」と職人たちから慕われていました。父が事業を引き継いだとき、ドビー機は、全く売れなくなっていましたが、それでも倉庫に部品を保管し続け、アフターサービスだけは絶対にやめませんでした。

「『会社が潰れそうなのに、売れない機械部品の在庫をなぜ抱え続けるのか』と思っていたのですが、実際バーミキュラという自社製品をつくってみて、その気持ちがはじめてわかりました（弟）」。「お客様へ届けた以上、最後まで使って欲しいという強い願いは、私たちにも引き継がれています（兄）」。

職人たちの笑顔と誇りを取り戻したい 兄弟が決意した、小さな町工場の再生

愛知ドビーは、1936年に創業した老舗の小さな町工場「土方鋳造所」からスタートしました。

鉄を熔かして形をつくる「鋳造」と、その鉄の鋳物を精密に削る「精密加工」を得意とする鋳造メーカーで、ドビー機と呼ばれる繊維機械や、船やクレーンの産業機械部品をつくっていました。

職人たちはみな元気で、誇らしげに仕事をしていて、幼かった兄弟には、彼らは本当に格好よく、輝いて見えました。その頃、兄弟の家は工場の敷地内にあり、いつも職人とキャッチボールをしたり、よく一緒に遊んでもらっていました。そ

んなとき、職人たちは誇らしげに「うちのドビー機は世界一だ！」と口にしていたものです。

ところが、兄弟が成長し中学、高校へと進むにつれ、会社の経営はうまくいかなくなりました。繊維産業は日本から、中国をはじめ東南アジアなどへと拠点を移し、ドビー機の需要が激減。1990年代にはバブルが崩壊し、繊維産業は衰退の一途をたどり、会社は自社製品事業を縮小して部品製造の下請けにならざるをえませんでした。

「職人の数も減り、顔からは笑顔が消え、すっかり自信をなくしてしまった。私が挨拶しても返してくれないほどに、気持ちが塞ぎ込んでしまっていたんです（弟）」。

大学卒業後、兄弟は社会に出てそれぞれ働きながらも、生まれ育った町工場が、この先どうなっていくのだろうかという不安を心の片隅に持ち続けていました。

「日本のものづくりは、このままなくなってしまうのではないか。それを悔しいと思う気持ちが心のどこかにあったんです（兄）」。

もう一度、職人たちを元気にして、彼らの誇りを取り戻したい。その想いから、2001年に現社長の兄・邦裕は、商社を辞めて、愛知ドビーに入社しました。

兄が会社に戻ったとき、祖父の時代には80人規模だった会社は、15人にまで減り、4億円の借金がありました。工場はすっかり寂れ、残った職人たちもやる気を失い、現場はゴミだらけ。銀行からも「もう1円も貸せません」といわれるほどの惨状でした。

兄は「鋳造」、弟は「精密加工」
現場に入り職人とともに再建した工場

兄の邦裕はまず、経営を立て直すために、産業機械部品をつくる優良な下請けになろうと、一から職人として技術を身に付けることにしました。1500℃を超える鉄を熔かす過酷な環境に耐え、みずから鋳造の職人に。それと同時に営業に回り、他社が嫌がる高度な技術を要する難しい下請けの仕事を集めました。

しかし、ようやく受注した仕事を持ち帰っても、職人たちの態度は冷たいものでした。新しい仕事はやりたがらない、定時になれば納期が迫っていようと作業を放棄して帰ってしまう。孤軍奮闘するなか、当時自動車メーカーに勤務していた現副社長の弟・智晴を会社に誘います。

「4億円の債務、協力してくれない職人たち。会社を立て直すためにはどうしても強力な味方が欲しかった（兄）」。

2006年、現副社長の弟・智晴も、入社を決意。弟は、細かな粉塵が舞うなかで腕を磨き、精密加工の職人になりました。

こうして兄弟が現場に入り、技術を覚える姿を見せるうち、職人たちの態度も少しずつ変わっていったのです。

「本当はやりたくなくても、品質を守るためにやらなきゃいけないことは何か。そこを説明すると、職人さんも納得してくれるようになったのです（兄）」。

兄の「鋳造」技術と、弟の「精密加工」技術とをあわせ、小さな会社だからこそできる利点を生かして精密な油圧部品をつくり、どんなに難しい仕事でも受けていきました。「今のバーミキュラに生きているのは、このときの現場でのコミュニケーションです。一般的に鋳造部と機械部というのは、同じ会社のなかにあると、必ず仲が悪い。問題をお互いのせいにしてしまう（弟）」。

油圧部品には、アリの巣状の油路（油の道）がめぐらされており、鋳物の段階で±0.1ミリ、削りで±0.001ミリと極めて緻密に精度を高めていきます。最後の最後にごくわずかな鬆（す）があったら不良品。ですから業界では「油圧部

品を扱うと会社は潰れる」といわれていました。
「バーミキュラの難しさは、全工程のバランスの調整です。鋳造と機械加工とホーローの、どのバランスが狂っても良いものはできない（弟）」。「全工程を調整し合い、他の工程のせいにしない。そういう組織の風土は、この時期、難しい油圧部品に会社全体で取り組んだことで培われたと思います（兄）」。

兄弟と職人たちが一丸となり、懸命に努力したおかげで、数年後、工場は再建できました。全盛期の7億円から2億円まで落ち込んだ売上は5億円にまで回復し、業績も上向きになってきたのです。しかし、職人たちの表情は依然として暗いままでした。

そこには下請け会社の宿命ともいえるジレンマがありました。お客様の図面通りの部品を納期通りに納品して当たり前。次に来る話は「来年から何%安くできるの？」という話ばかり。渡された図面に対して改善提案をしても聞く耳は持ってもらえません。ものづくりの喜びや醍醐味を味わえる機会はなかったのです。

お客様の喜んでくれる姿を直接見るためには、直接お客様に製品を届ける企業にならなければならない。そのためには、部品ではなく自社で考えた最終完成品をつくり、それを世に出すメーカーになる必要がある。

昔のように職人としての誇りを取り戻してもらうには一体どうすれば良いのだろうか？

兄弟は、中川運河を渡りながら毎日悩み続けました。そして、気付いたのです。「この町工場から、自分たちの技術を直接お客様に届けることができる世界最高の製品をつくるしかないのだ」と。

DOBBY

目指すのは、今までにない「素材本来の味を引き出す、世界最高の鍋」

「世界最高の製品」とは何かを考えはじめたものの、会社はまだまだ債務超過の状態で、新たな設備投資は望むべくもなく、「鋳造」と「精密加工」という二つの技術の強みを生かし、世のなかにないものをつくり出そうと考えていました。

そんなある日、弟は書店でフランス製の鋳物ホーロー鍋でつくる料理のレシピ本がたくさん並んでいるのを見掛けました。鋳物は、愛知ドビーが扱う機械部品の製造方法。それが若い世代に人気の製品として流通していることに、衝撃を受けました。そこで鋳物ホーロー鍋をいくつか買い、実際に料理をしてみたのです。ステンレスやその他の鍋とも比べてみましたが、鋳物ホーロー鍋でつくった料理が一番おいしく、味に深みがあるのです。肉厚で重たいながらも素材の芯まで熱が伝わっているような、あたたかみのある味がしました。すぐれた熱伝導とホーロー加工の保温性、遠赤外線効果により、素材の旨味が引き出されていたのです。

「調理道具で味がこんなに変わるなんて想像もしていませんでした。鋳物でないと出せない味だ。そう直感したんです（弟）」。

ただし、世に出回っている鋳物ホーロー鍋には決定的な問題がありました。フタと鍋本体のあいだの密閉性です。

当時「世界最高の鍋」といわれていたのは、ステンレスやアルミを何層にも組み合わせて精密にプレスした、食材の栄養を逃さず無水調理ができる多層構造鍋でした。

鋳物は1500℃で熔かした鉄を、砂でできた型に流し込みます。その後、常温までぐにゃぐにゃと歪みながら固まっていくのですが、その過程でどうしても歪みが生じます。フタ０.５ミリ、本体０.５ミリ、あわせて1ミリくらいの隙間ができてしまう。そのため密閉性が損なわれ、素材の旨味、栄養素、水分が逃げてしまうのです。

弟は気付きます。兄の「鋳造」技術と、弟の「精密加工」技術で、無水調理が可能なくらい密閉性の高い鋳物ホーロー鍋をつくることができれば、それが「世界最高の鍋」、いままでにない「素材本来の味を引き出す鍋」になるのではないか。

そんな思い付きともいえるきっかけで、2007年、開発をスタートしました。鍋はこれまでの鋳造と精密加工で形になりました。

しかし兄弟の前に立ちふさがったのがホーロー加工です。そもそもホーロー加工などやったことがありません。しかし、釉薬を掛けて焼き付けるだけ。それほどの難関だとは当初思いませんでした。まずは外注で加工をやってもらおうと探しますが、見つからない。その技術の難しさを突き付けられました。そこで、弟が中心となり、自社で加工にチャレンジすることになったのです。それが３年にもわたる苦闘のはじまりでした。

弟の執念、兄の英断。「世界最高の鍋」の誕生

「ホーロー加工」と「密閉性」。この二つの問題をクリアすることが、バーミキュラ開発のカギでした。

鉄のなかでも、炭素の量が2.14%以上のものを「鋳鉄」、つまり「鋳物」と呼びます。炭素がたくさん含まれると、型に流し込んだときに湯流れがよくなり、複雑な形のものもできるようになります。この鋳物は723℃を超えると組成が変わるという特性を持っています。ホーローは800℃で焼き付けるため、そのときに鋳物のなかの炭素が気化してあぶくが発生し、ホーローの表面に気泡が出てしまいます。

そのため日本国内で鋳造品にホーロー加工をするメーカーはなかったのです。

釉薬の調合、焼く温度、時間も変えて試し、何度も失敗をくり返し、改善を重ねました。そして鋳造の常識では考えられない、大胆な金属配合をすることで、ようやく気泡一つない、滑らかなホーロー加工ができるようになったのです。

本来、鋳物の配合を変えることは、工場ではご法度。鋳物は、型抜き後に余った素材を熔かして再利用するので、配合比率の違う素材を誤って再利用してしまえば、他の仕事で問題を起こす可能性が出てくるからです。

「現場の品質管理はとても神経を使う仕事です。職人にこれ以上の負担はなるべくかけたくないと、最後まで反対して手を付けませんでした（兄）」。

しかし、弟の製品開発にかける情熱に打たれた兄が英断を下し、成功を手ぐり寄せたのです。

ようやくホーロー加工には成功したものの、「世界最高の製品」の完成にはさらなる難関が待ち受けていました。それが「密閉性」の問題でした。

愛知ドビーが誇る精密加工で、密閉性を高めた鍋もホーローの焼成工程で800℃の熱をかけると、どうしてもゆがみが出てしまいます。再び試行錯誤の日々がくり返されました。自分たちが目指したレベルに達しない製品。本当に鋳物ホーロー製で密閉性の高い鍋がつくれるのか……。

そんななか2008年にリーマンショックが起き、下請けの注文が激減。工場の稼働も週3日に。経営は再び窮地に立たされました。

「開発費もかさみ、一生完成しないのではないかと考えて、夜も眠れない日々が続きました（弟）」。

兄は決断を迫られます。しかし、朝から晩まで開発に打ち込む弟の執念に近い姿を目にし、こう思いました。

「あきらめなければ、いつかは必ずできるはずだ（兄）」。

兄は下請けの仕事を取り続けて会社を支え、弟の挑戦を見守ったのです。

「世界最高のものができるまでは、絶対に世に出すのをやめよう（兄）」。

理想の鍋をつくるために、来る日も来る日も試作をくり返し、失敗の数はすでに1万個を超えていました。

新製品の開発のめどがつかない日々。何とかして工場を継続させていかなければならない。兄は悩みました。そして「下請けとして生き残るためには、ニッチな仕事をするしかない」と、他社が断ったバーミキュラ鋳鉄という材質の部品製造を請けることに決めたのです。

それまで、業界では一般的なネズミ鋳鉄やダクタイル鋳鉄という材質の仕事をしてきましたが、バーミキュラ鋳鉄を扱うのははじめてでした。弟は兄から部品の精密加工を依頼されます。削ってみると、これまで扱ってきたものとは違う、ちょうどネズミ鋳鉄とダクタイル鋳鉄の中間のような削りクズができました。そして、その材質は製造管理が非常にシビアであるものの、熱伝導率が良く、強度も兼ね備えたハイブリッド材質であることがわかったのです。

「これかもしれない（弟）」。

半信半疑ではあったものの、バーミキュラ鋳鉄をベースにつくった鍋にホーローを焼き付けてみました。すると焼成してもゆがみが出ない、密閉性の高い試作品ができたのです。その鍋で最初につくった料理はカレー。食材を入れて、弱火にかけて1時間待ち、フタを開けたとき、水を一滴も入れていないのにもかかわらず、鍋には水分があふれ、肉のアクも出ず、透き通ったスープができていました。

二人はひとくち口に運びました。「うまい、うまいよ」。

驚いたのは、子どもの頃からニンジンが大嫌いだった兄が「ニンジンが甘い。これなら、食べられる」と、鍋のなかからニンジンを探して食べていたことです。この瞬間、こ

VERMICULAR
UGS

の鍋なら世界中の人々を笑顔にできると、兄弟は確信しました。

それからは、製品化に向けて量産への試行錯誤が半年続き、ようやくバーミキュラが世に出たのは弟がバーミキュラのコンセプトを作成したときから3年の月日がたった2010年2月でした。

現在のバーミキュラは、このときの設計とほぼ同じ形です。

厚さが0.1ミリ違っても、底のリブがなくても、フタ裏の形状が違っても、カレーはおいしくならなかった。はじめての試作品ではじめて料理をつくったときに、奇跡的にすべてがうまくいったのです。その後量産化に向けて改良を施し兄弟と職人たちの想いが結実した、素材本来の味を引き出す世界一の鍋、「バーミキュラ オーブンポットラウンド」が2010年2月、発売されました。

あきらめない姿勢、デザインへのこだわり「バーミキュラ オーブンポットラウンド」の完成

バーミキュラが世に出て間もないある夜、仕事を終えて帰宅しようとした兄弟は、工場に明かりがついていることに気づきます。そこにはホーロー加工の練習をする職人の姿がありました。

職人たちは誇りを取り戻したのです。

世界に誇れる製品をつくる。機能と使いやすさを形にしたバーミキュラ製品のデザインは、現在も弟を中心にすべて社内で行われています。

「名古屋は製造業が多く、製造業こそが一番だと思って育った。だから自分たちで考えたものを世に出したかった(兄)」。

「職人の誇りを取り戻すというのが、目的の一つであるわけで、自分たちで考えた世界最高じゃなきゃダメだと思ったんです(弟)」。

メーカーだからこそできるデザイン。自分たちで考えた形だから挑戦できる。「そんな形はできない」「製造のことがわかってない」と文句をいう前に、職人たちは、まずどうしたらできるかを考えます。「それこそが、メーカーでなければできないデザインなんです(弟)」。

調理器具は機能的で使いやすいものでなくてはなりません。とくに鋳物ホーロー鍋は重たい。重たいから料理がおいしくなる。ただし重たいと使うのが億劫になる。バーミキュラ オーブンポットラウンドはこの使いやすさと性能の両立を目指しました。

人間の手は、細くて重いものを持つのが苦手です。手のひらでしっかり握ることで、鋳物の重さを分散して軽減できます。フタの両側にも取っ手を付けることで本体にフタをするとダブルハンドルになり、鍋を運ぶときの重さを分散させます。女性の手の大きさに合わせて薄くし、手にフィットするように曲線で構成し、すべて丸く削って仕上げることで、重さを感じにくくしています。

置く場所に困るフタ。ツマミを取っ手に掛けられるようにし、置いたときに液だれしないよう溜まりをつけています。鍋底のリブも、女性の指の太さに合わせて洗いやすい設計にしてあります。ツマミ自体も300℃のオーブンにも直接入れられるよう、ステンレスの削り出しを採用しました。

このようにバーミキュラのデザインには使い心地を追求した理由があります。

「お客様のことを考えて一生懸命デザインされたものをつくり上げることが使命で、結果、社会から評価され、それが喜びに変わることを経験している。だからまず考えて、

他の部署とも相談しながらつくり上げる。愛知ドビーらしい気風だと思います（兄）」。

世界に挑戦。
熱源付きの鋳物ホーロー鍋「ライスポット」

無水調理のおいしさが、クチコミで大評判に。「バーミキュラ オーブンポットラウンド」は生産が追いつかないほどの大ヒット商品になり、2013年には、最大15カ月待ちの状態を生みました。

目指したのは世界一の鍋。そのためには世界中にこのおいしさを伝えたいと考えた兄弟は、市場調査に乗り出しました。バーミキュラの調理工程に欠かせない弱火という、日本人には伝わるこの「火加減」が、海外ではかなりの個人差がありました。火加減を間違えて料理が失敗したという事例も多く耳にしました。

また、無水料理に馴染みがないこともあり、このままだと世界最高の鍋であることを証明するのは難しいと感じました。もっと多くの人たちに受け入れられるにはどうするべきなのか。

同じ素材を使い、同じ鍋で調理しても、同じ味を再現できないのは、火加減が人によってまちまちだから。特に料理が不得手な人は、火加減でつまずきやすい。それならば、最適な火加減、熱源をセットして届ければ、誰でも絶対失敗せずに、最高の料理が味わえる。

「誰もがバーミキュラの性能を100％わかってもらえる製品になるんじゃないかと思ったんです（弟）」。

そんな折、ネットの投稿のなかに「バーミキュラで炊いたごはんがおいしい」という言葉を目にするようになりました。無水調理のことしか考えていなかったのに、水を入れて炊くごはんがおいしいというユーザーの書き込みに、兄弟は正直驚きました。無水調理で食材本来の味を引き出すための努力が炊飯にも最高の状態をつくり出していたのです。

炊飯は「はじめちょろちょろ、なかぱっぱ」と歌にして覚えるくらい、火加減が難しい調理の代表。ごはんは毎日食べるもので、いまや10万円以上する電気炊飯器が飛ぶように売れている。世界一、おいしいごはんが炊ける自動調理鍋であれば勝機があると確信しました。

しかしまたもやはじめての挑戦です。鋳造メーカーが家電品に手を出すのです。当初は外部のメーカーに委託しようとしましたが「鋳物屋が家電なんてつくれるわけがない」と全く相手にされませんでした。

それならば自分たちでつくろうと、プロジェクトリーダーに大手家電メーカーの開発部長を招き、取り組みました。この開発で一番苦労したのはIHヒーターの部分でした。

「IHとガス、どっちがおいしく料理ができる？」と聞かれれば、多くの人が「ガス」と答えるでしょう。それは、ガスはまわりの空気をあたためながら加熱する「立体加熱」で、IHは電磁波の力で鍋の底を直接あたためる「平面加熱」だから。「立体加熱」でまわりの空気をあたためながら加熱すると、鍋のなかの熱対流がスムーズになり料理がおいしくなるのです。

しかしバーミキュラが目指す繊細な温度コントロールはIHヒーターにしかできません。何百通りも試した末、底のみならず鍋を包み込むように横にもヒーターを入れて熱対流をよくし、炎が鍋を包むかまどのような加熱を実現しました。直火が一番苦手なのは風ですが、IHであれば、どんな状況でも安定した調理ができます。

電熱器部分の形が決まり、試作品はいくつかできましたがそこに新たなる難関が待ち受けていました。なかなか安定した性能が実現できないのです。それでは量産化はできません。成功一歩手前まで来ているのに遅々として進まないプロジェクト。最終的には開発部長さえ「愛知ドビーのような小さな会社には、家電製品はつくれませんよ」と、捨て台詞を残し去っていきました。

弟はメンバーとともに家電の構造・原理について研究をはじめ考え抜いた末、コイルとヒーターの巻き方や位置・パワーを組み合わせ直火と同じ熱分布を再現するということを思い立ちます。それからは様々な形を試し、ようやくコントロールも完璧。1秒ごとの精密なヒートセンサーにより、30℃から95℃まで1℃単位で制御できバーミキュラに最適な火加減をワンタッチで実現できる電熱器が完成したのです。

「電気のコントロールと直火のおいしさを両立したものが世界最高の熱源になる。それは鍋を限定することではじめて可能になりました（弟）」。

3年の月日をかけて、炊飯はもちろん、自動調理機能でローストビーフなども簡単につくれる究極の調理器「バーミキュラ ライスポット」が完成、2016年に販売を開始しました。

「料理が苦手な私でも、プロ級の料理ができる」。

「レストランで料理人一人分の働きをしてくれる」。

発売前から4カ月待ちになる大ヒット商品になりました。それと同時に思わぬ反響が増えたのです。一流シェフたちのあいだで口コミで評判が広まり、今では世界を代表する一流シェフも愛用しています。

「うれしかったのは、銀座はっこくの佐藤さんがシャリを炊くのに使いたいといってくれたこと。鮨屋にとってごはんは命、ライスポットの実力がコメのプロに認められたと実感できました（弟）」。

「伝説のシェフ、元エル・ブリのアルベルト・アドリアさんが使ってくれたことは本当にうれしかった。海外のシェフからの支持があったからこそ、アメリカ進出を決断できました（兄）」。

バーミキュラの美しさ。
鉄の可能性

「世界最高の鍋は、素材本来の良さを引き出す鍋である」

日本にはアニミズムの文化があり、すべてのものに神が宿るという考え方が浸透しています。四季があり、食材のなかにも神様がいて、その良さを引き出すことが一番大切だという感覚があります。「いただきます」といってごはんを食べるのもそうです。尊い食材を一番おいしくいただくくことが大切だと感じているのです。

もちろん、洋の東西を問わず、食材の味を引き出すという考え方はあります。素材を活かすことは食文化の原点。

「その想いは確実にバーミキュラに反映されています。いつも食べている食材の味が生まれ変わる。味付けの基本は塩ですから地域差はそれほどありません（兄）」。

鉄の素材としての可能性は、重さです。重さは熱容量に直結します。おいしい料理をつくるうえで、熱容量は不可欠です。ぶ厚い鍋でつくった料理は、味に深みが出ます。どこかあったかい、無骨で田舎っぽい味がします。

環境的に考えると、鉄はリサイクル性が高いといえます。

「熔かして別の製品にできるエコロジカルな素材。強度もあり、どんな形状のものもつくることができる。鉄の可能性はまだまだあります（兄）」。

鉄には、人間の感性にうったえる魅力があります。鉄という素材を活かしたバーミキュラの製品開発は今後も続いていきます。

VERMICULAR

adidas

SPECIAL INTERVIEW

逆境は単なる検証期間
その先に成功を見据える

堀江貴文
Horie Takafumi

超小型ロケット開発に特化する

宇宙へ興味を抱いた記憶をたどると、家にあった百科事典に行き着きます。百科事典にはありとあらゆることが書かれていて、時間があればページを開き読んでいたものです。特にアポロ宇宙船や太陽系の記事を読んで、子ども心に「すげえなあ」と思いました。こうして抱いた宇宙への憧れは強く、航空宇宙工学の学部に進学しようと思ったくらい。でも結局、文系受験をして大学でインターネットに出会い、会社をつくって起業しました。

その後、宇宙への憧れを再燃させたのが、1991年のソ連の崩壊後に宇宙ステーション「ミール」が売りに出されるという話でした。確か当時、日本円にして二十数億円。そのときは買えなかったけれども、情報を集めはじめ、いろいろ考えるうちに、ロケットが工業製品であることに行き着きました。大量生産をすれば、単価は下がる。需要を喚起し、ロケットを量産してビジネスにできないか。

ですから、僕がファウンダーとして参加している「インターステラテクノロジズ（IST）」の宇宙開発で手がけているのは、超小型の輸送系ロケットです。輸送系とは、ものを宇宙に運ぶ運送業。ロケットとは要するに宇宙にものを運ぶ手段。ロケット開発というのは、運送業と製造業が一緒になっている特殊な業態といえるかもしれません。

今、超小型ロケットの開発に特化している理由は、投資金額の問題です。大きなロケットをつくろうとすると、実験も多岐にわたり、設備にも何百億、何千億と費用がかかる。その資金を集めるのは現実的ではありません。小さなものからはじめようと、何十億の単位で事業展開しています。

ここに開発中の超小型ロケット「MOMO」があります。先端にフェアリングもなく、尻尾にエンジンもついていませんが、上もタンク、下もタンク。ほとんどタンクです。タンクそのものが剥き出しの状態で、これ自体が構造材です。ロケットは複雑なものだと思われがちですが、とてもシンプル。タンクの尻尾に小さいエンジンがついている単純な構造だと思ってください。ほとんどのロケットはそういう構造であることを、まず頭に入れて欲しい。

そして、下から液体酸素タンク、エタノールタンク、ヘリウムタンクと積み上がり、それぞれの重さが下のタンクにのしかかります。このロケットは燃料や酸化剤を入れない状態で300キロくらいあります。燃料などを入れると重さ1トンくらいになる。それらをアルミ製の4本の支柱と1、2ミリ厚のタンクという、たったこれだけの構造で支えているのです。

これを宇宙へ飛ばすわけですが、メインバルブが開かれると、ヘリウムに加圧されて、エタノールと液体酸素がタンクから押し出され、燃焼室で高温の燃焼ガスになり、ノズルから吹き出し飛ぶのです。

大型ロケットも、小型ロケットに比べて、さほど技術的に大きな飛躍はありません。むしろ大型の方が、条件が緩和されるので開発しやすいかもしれません。集められる資金で超小型ロケットをミニマムにつくるのが、我々としては技術力を付けるのに最適だろうと思っています。

技術の断絶、ノウハウの継承

難易度が高いのはロケットエンジンの開発です。優秀なエンジンができれば、開発は大きく前進します。エンジン開発の難しさは、燃やしてみないとわからない点です。そもそもロケットはつくっている数が少ないので、試す機会も少ない。試行錯誤がなされない。日本のロケットは年に3、4機ぐらいしか飛んでない印象があります。世界的に見ても100機飛ばないのが現状です。

くらべて自動車のエンジンは、日本の自動車生産台数から考えると、月に60～80万台くらいつくられます。マーケットがあるので、ロータリーエンジンやハイブリッドエンジンなど、燃費がいいエンジンをつくろうと、資金を投じて開発が進みます。

もう一つ大きいのが「技術の断絶」です。今、三菱航空機が国産初のジェット旅客機「MRJ（現・三菱スペースジェット）」を開発していますが、2019年3月、ようやく国交省が飛行試験を開始しました。なかなか完成しない理由は、技術の断絶です。日本の民間旅客機の開発は、日本航空機製造のプロペラ機「YS-11」が最後です。日本は敗戦国なので航空機の製造は禁じられており、中島飛行機や富士重工といった航空機メーカーの技術者が戦後、自動車産業へと移動しました。ちょうどその頃がプロペラエンジンからジェットエンジンへの技術的な変わり目で、日本は乗り遅れてしまい、未だにジェットエンジンは欧米の会社のライセンス生産をしています。

製造業で技術の断絶が起こるのは、ノウハウが継承されないからです。ノウハウというのは、マニュアルには決して書かれないことです。現場では当たり前にやっている作業が沢山あるのですが、それが受け継がれないのです。

具体的な例で説明すると、僕らがロケットをつくりはじめた頃、下のタンクに液体酸素を充填しようとしても、全然入らなかった。液体酸素の沸点はマイナス183℃なので、常温だとグツグツ煮えて、片っ端からどんどん揮発してしまう。つまり200℃の温度で沸騰している液体を、タンクの細い口から注ごうとしているのと同じ状態で、どんどん蒸発してしまう。入れるためにはタンクを断熱材で覆って、ある程度圧力をかけながらポンプで送り込まないと入らなかったんです。経験者から見れば常識的なことかもしれないけれど、「どうやって入れるんだろう」と半月くらい悩みました。

論文に出ている情報や、特許で公開されている資料のような知識だけでは、ものはつくれません。それはものづくりに共通していると思いますが、バーミキュラで鋳物にホーローを掛ける挑戦も同じだったんだと思います。鋳物にホーローを掛ける技術は日本にはほとんどありませんでした。「なんでそんなことに悩んでいるの？」と思うような地味な作業を、時間がかかってもコツコツやるしかない。ノウハウの継承がないと実はそこが一番難しい。

逆境を逆境と思わない

ロケット開発は製造業のオールスター戦です。一つひとつの部品に技術力が必要で、だいたい20～30年くらい経つと技術的なノウハウの断絶が起きる。なぜなら定

年退職で、技術者が辞めてしまうからです。JAXAも「H-Ⅱ」「LE-7」の次の「H3」「LE-9」という後継機をそれぞれテストしていますが、「LE-7」がつくられたのが1980年代なので、ギリギリのタイミングで、OBの技術顧問がときどき技術指導に来ています。航空機は手遅れで、結局、旅客機のノウハウを持っている人が誰もいないところで開発しているので時間がかかっているのです。

近年、産業スパイの追及も厳しくなってきており、2015年には、ポスコ（POSCO）という韓国の鉄鋼メーカーが、新日鐵住金（現・日本製鉄）からの技術盗用をめぐる訴訟で多額の和解金を支払った事件がありました。技術を盗んで特殊鋼をつくっていたのですが、特殊鋼も難しい分野で、特殊鋼がつくれない国はロケット開発ができない。なぜかといえば、特殊鋼は工具や治具をつくるための金属で、部品をつくる工作機械に不可欠だからです。技術漏洩は死活問題ですから、高度な工作機械には厳しい輸出規制があります。特殊鋼はノウハウを持つ巨大鉄鋼メーカーでなければつくれない。バーミキュラも、特殊な希少金属を混ぜた一種の特殊鋼ですね。

日本国内ですべての部品が調達でき、輸入規制に引っかからないので、国内での開発にはアドバンテージがあります。それは自動車産業を筆頭に、日本のサプライチェーンを築きあげてきた一つの成果であり、製造業としての利点だと思います。

失敗は、向き合うものではありません。失敗の原因を探り、再発防止策を練るだけです。絶対に失敗しないよう原因究明をする。どういう事象が起きて、原因として考えられるのは何か。大枠5個くらいだとすると、ただただトラブルシューティングして、一つひとつ潰していく。

我々は、ロケット打ち上げのコストを一桁、二桁下げる

ことを目標に技術開発をしています。これまでの国主導のロケット開発は、いくらお金をかけてもいいから、最新技術を使って、確実に打ち上がるロケットをつくる、という考え方が基本でした。我々はできるだけ安い部品を使ってコストダウンするのが目的ですので、高価なものは使えません。

ヘリウムガスのタンクにしても、チタンで一点物の大きなタンクをつくればそれで済むけれども、現状ですとコストは10倍以上。市販品のボンベを9個、並列に並べた方が格段に安くなります。

さらに、なるべくテストを省略します。100%に近い確率で打ち上げようとすると、様々なテストが必要になりますが、必要のないテストは減らしてコスト削減を図ります。

ハードウエアか、ソフトウエアかの違いはあるにしても、失敗したときのトラブルシューティングのやり方は、ITのソフトウエア開発と全く同じです。ロケットもすべてCGでつくっており、エンジンの燃焼室の中身以外は、ほぼソフトウエア上で動かして、全部シミュレーションしています。エンジンだけは、燃焼実験しないとパラメーターが出てこない。自動車でも、空気抵抗を表す係数「CFD」は未だに風洞実験をやっていますが我々もミニスケールの風洞実験をやっています。

バーミキュラの開発の経緯にしても、逆境を逆境と思わないところがあります。わりと楽観的だったのではないかな。そこは共通していますね。傍目からはピンチに見えても、ものづくりを追求していることは楽しいこと。目標を達成するまで頑張る。ロケットの開発事業もそうですから。

おいしいものを純粋に楽しむ

バーミキュラの土方さんたちはおいしいものを提供する道具をつくっている。これは本能に直結するものづくりだと思うんですね。おいしいものをおいしく食べたい。食欲は本能。リセットされるようにできていて、毎日お腹が減る。

本能ってシンプルで、食欲を満たす行為は、人間の快楽のなかでも、毎日経験できて、楽しみが伴うもの。だから人間は生きていられるんだと思います。食欲がリセットされなかったら、すごく辛いですよ。ずっとお腹いっぱいだったら、死んでしまうと思います。お腹いっぱいにならない仕組みをつくったからこそ、人間は生きてこられたし、これまで種として存続してきたわけじゃないですか。そういう人たちが最適化して生き残っていく。もともと本能としてもらった能力だから、最大限に活用しましょう、という風に僕は考える。だからバーミキュラって、そういう人たちに向けたプロダクトだと思うのです。

僕の経営する店「WAGYUMAFIA」でもライスポットを使用しており、このあいだもローストビーフをつくったのですが、相変らずおいしかったですね。コンロの口数が足りないときにも重宝する。お米をおいしく炊くのは大変です。厨房で忙しくしているときに、土鍋ご飯の火加減をケアするのは現実的ではない。海外でクオリティの高いご飯を炊くときにも、最高ですよね。

さらにライスポットができたことで、料理が計量化された。計量化しないと正解にたどりつけない人がたくさんいますから、対象顧客が増えたと思います。レシピ通りにやれば、完璧なご飯も簡単に炊けるし、ローストビーフも絶対においしいものがつくれる。煮込みや煮物、低温調理の塩梅を計量化するのは難しいと思いますが、火加減を4種類に限定し、それぞれ綿密に制御することでそれが可能になった。それも一つの想像力で、以前には想像もつかなかったような未来が実現したのだと思います。

CHAPTER 3

The quality of VERMICULAR

鋳造とは、高温で熔かした金属を砂でできた型に流し込み形をつくる製造手法です。最も多用されるのは製品の用途によって熔かした鉄にさまざまな成分を加えてつくる鋳鉄で、さまざまな製品の部品に使用されています。

バーミキュラはこの鋳造でつくった鋳物に精密加工を施し、ホーロー加工で仕上げた製品です。炉のなかでオレンジ色に発光する1500℃で熔けた鉄は、カーボンやシリコンなど13種類の成分を混ぜて熔かしたものです。溶かされた鉄が化学変化を起こし、ホーローに適した材質をつくるのですが、料理にも「さしすせそ」があるように、0.01%単位での成分配合と、入れる順番やタイミングを一つでも間違えると、全く別物になってしまいます。

この13種類の成分の配合比率は、約3年間にわたり1万台以上もの試作をくり返すことで、発見した奇跡的な成分比率で、愛知ドビーだけの固有な技術です。

その発見のきっかけとなったのが、製品名の元にもなっている「バーミキュラ鋳鉄」という鋳物の成分でした。バーミキュラ開発の成功の糸口をつかむ、きっかけとなった素材です。

一般的な鉄の鋳物には「ネズミ鋳鉄」と「ダクタイル鋳鉄（球状黒鉛鋳鉄）」の2種類があり、含まれる炭素の形が「片状」か「球状」かの違いで、性質が異なります。

「ネズミ鋳鉄」は、顕微鏡で見ると、炭素が片状（線状）に並んでいます。粘りが少なく加工しやすいですが、衝撃を与えると、この片状の繊維にそって亀裂が生じ、割れやすいという弱点があります。

それに対して「ダクタイル鋳鉄」は、マグネシウム等を入れることで、この片状の炭素がしっかりと球状に縮まります。球状だと割れにくく耐久性が高まります。ただし、熱伝導率が悪くなるとともに、熔けると粘り気が出てドロドロになり、型のすみずみまで流れていかず、製品精度が劣るという欠点がありました。

「バーミキュラ鋳鉄」は、その「ネズミ鋳鉄」と「ダクタイル鋳鉄（球状黒鉛鋳鉄）」のハイブリッド素材で、油圧部品や機械部品など強度と精度が同時に必要とされる製品に使用されていたものです。「熱伝導にすぐれ」かつ「強度も高い」という、性質を持ちますが、それを鋳造するためには高い技術が必要です。

特に難しいのが、型に流し込む際の温度管理です。1500℃の熔けた鉄をいかに正確に速く流し込むかが重要で、例えばオーブンポットラウンドの22センチであれば一つの型に3.5秒で均一に流し込むのがベストです。わずか0.5秒でも違うと不良品ができてしまいます。

熔かした鉄は秒単位で刻一刻と温度が下がり、粘度が変わっていくので、同じように傾けても、鉄は同じ速さで型に流れ込んでいきません。外気の温度や湿度、型の温度にも影響を受けるため、夏と冬という季節の差だけでなく、一日のなかでも朝と昼とでも条件は異なります。そのため常に熔けた鉄の温度を計測し、外気温や型の温度にも細やかな配慮をしながら絶妙なタイミングで型に流し込んでいきます。この工程を担当する職人には特に高度な知識と経験に培われた鋭敏な感覚が求められ、鋳造における肝ともいえるのです。

鋳造へのこだわり

13種類の配合成分を0.01%単位で調整
1500℃の高温で熔けた鉄を、0.5秒単位で管理する

VERMICULAR

VERMICULAR
添加剤置場

バーミキュラ最大の特徴である無水調理を可能にするのが、フタと鍋本体のあいだの密閉性です。この密閉性は、熟練した職人が一つひとつの製品に約1時間もの手間をかけ、0.01ミリ単位の精度で微調整をくり返す、丁寧な手仕事で実現しています。

鋳造でできた鍋を砂型から抜いた後、まずは砂やバリを取り除く工程があります。その後全体を綺麗に磨き上げる工程をへて、最後に合わせ目にあたるフタと本体のそれぞれのフチの部分を削り込んでいきます。

どんなに正確に鋳造しても、鋳物は0.5ミリほどの歪みができてしまいます。そのためフタを伏せて置くと、フタの下に紙1枚ほどの隙間ができます。どんなに上手につくっても、鋳造という製法ではこのくらいの精度が限界です。しかしそのわずかな隙間があれば、なかの蒸気が外に漏れてしまい無水調理はできません。そのため精密加工で隙間をなくしていくのです。

職人はフタをまず切削機に取り付けます。フタのフチの部分に指を伝わせて凹凸を感じながら、強すぎず弱すぎずの絶妙な力加減で、ネジの締め方を調整します。叩いて音のひびきを確認したり、あるいは指先に触れる振動を感じながら、均一で絶妙な力加減で締め込んでいきます。

セッティングが完了したら削りはじめます。

最初はキュキュッと擦れるような音がするのですが、削り込むにしたがって、音は小さく細かくなっていきます。一つひとつの鍋に対して、削っては測定、削っては測定をくり返し、ときには叩いて音の高低を聞きながら、指先に伝わる振動を感じながら、0.01ミリ単位の精度で微調整をくり返していくのです。

1回目の荒削りが終わったら測定器で計測。0.05ミリくらいひずんでいます。上手くいけば2回、場合によっては3回。だんだん削る音が小さくなり、最後の測定で0.01ミリの目盛まで、測定器が動かなければ完成です。2.8ミリ厚の薄肉の鋳物の切削加工として0.01ミリ以下の誤差は、最高精度といえるもの。職人の確かな技術に支えられた「メイドインジャパン」の「ものづくりの実践」がここにあるのです。

精密加工へのこだわり

ミクロン単位で切削精度を向上
紙一枚さえ入れることがゆるされない密閉性を求めて

料理のおいしさを極めるには、熱の伝わり方をいかにコントロールできるかにかかっています。温度を急激に上げずに熱を均一に加えること。そして、食材の水分を奪わないこと。これらの最適な状況をつくり、素材本来の味を引き出すことができる唯一無二の鍋、それがバーミキュラです。

通常、料理をする際にはガスでもIHでも下から上に向かって熱が伝わります。そのため食材は熱源に直接接している下の方は焦げやすくなります。それを回避するため、バーミキュラの底面には「リブ」と呼ばれる突起をつけて、食材の接地面積を減らしました。こうすることで、鍋全体があたたまりやすくなり、ホーローの表面から遠赤外線が発生します。遠赤外線により、食材の組織を壊さずに内側からじわりと均一に温める効果が生まれます。

こうして熱を加えると、食材から水分がじわじわとにじみ出てきて、熱い鍋底で蒸発して蒸気となります。このとき、バーミキュラのフタには高い密閉性があるため、蒸気を逃がさずしっかり閉じ込めて食材のおいしさを極限まで引き出すことができるのです。鋳物ホーロー鍋という従来密閉性が低い製品に、最高の密閉性を目指して精密加工を施した理由です。この工程は世界中のどのメーカーも取り入れていない、バーミキュラ独自の製法です。

密閉された鍋のなかでは、激しい蒸気の対流が起こります。遠赤外線の放射と食材そのものが持つ水分の対流で均一に熱を入れることで、食材はよりおいしさを増すのです。

食材に最高の味をもたらすために、加熱の一つひとつに着目し、考え抜かれたテクノロジーがバーミキュラには集約されているのです。

バーミキュラの「おいしさを極める形」

最高の味を引き出すテクノロジー

MADE IN JAPAN
22
MADE IN JAPAN
22
MADE IN JAPAN

MADE IN JAPAN
22

ERMICULAR

バーミキュラが素材本来の味を引き出すことができる、大きな理由の一つに「ホーロー加工」があります。鋳物鍋へのホーロー加工はとても難しい技術で、世界のなかでも極めて限られた企業しかなしえていません。

精密加工した鍋に、水で溶いたガラス質の釉薬を吹き付けます。この工程は簡単なように見えて非常に難しい作業です。スプレーガンから同じ量を吹き出しても、温度と湿度によって、鍋の表面に付着する釉薬の量は一定になりません。また平らな面に均一に塗るのとは異なり、鍋の取っ手の裏など、凹凸のあるものに0.3ミリの膜厚で均一に塗るのは、極めて高度な技術を要します。

釉薬の吹き付け具合を「濡れ光沢」と呼びます。これはどのくらい濡れたように見えるのかで釉薬の厚さを判断する目安です。職人が肉眼で確認しながら、左手でろくろをスピードを調整しながら回転させ、噴射するガンの距離、吹き付けるパターンの広さ（噴射時の霧の広がり方）をコントロールしつつ、一気に吹き付けていきます。しかしどうしても、しっかり塗れる場所と、薄くしか塗れない場所が生まれます。しかも釉薬は薄い部分からすぐに乾きはじめ、一度乾いてしまうと、上から吹き付けてもガラスが浮いてしまい、焼くと気泡ができてしまいます。どうしたら乾燥部分をつくらないで、全体に均一に掛かるか。詰め将棋のように吹き付けの手順を考えていきます。刻々と変わる湿度と気温のなかで、均一に吹き付けるためには、職人のリズム感もとても大切。現場にはメトロノームのようなカウントが流れます。

バーミキュラには赤や黄色など、鮮やかな色はありません。それには理由があります。

バーミキュラはお客様に安心・安全なものを届けたい、また工場で働く職人の安心・安全、さらに地域の環境を守るため、有害物質を極力使用していないからです。鮮やかな色味を出すためにホーロー製品にはカドミウムが使われていますが、体に悪いものは使いたくないという理由から使用を避け、優しい色合いのデザインに仕上げているのです。

吹き付けたあと、一度乾燥させると釉薬は白いチョークのような硬さになります。精密加工した部分は、手と綿棒を使って、釉薬をていねいに剥ぎ取り、密閉性を確保します。この仕上げを行ったら、いよいよ800℃の窯に入れて焼き付けます。

この釉薬を吹き付けてから焼き上げるまでの工程を、3度くり返し、3層ホーローコーティングを施します。1層目はホーローを密着させるための下塗り。2層目は色を着けるためのホーロー。3層目は「グラスコート」といって、強度と耐久性を高めるために透明なホーローを焼き付けます。

ホーローへのこだわり

0.3ミリの膜厚で均一に釉薬を吹き付ける職人技

VERMICULAR
MADE IN JAPAN
24
φ6へ
変更
断面 A-A
φ220
φ214
φ160
φ16
φ216
φ223±0.1
φ196

愛知ドビーでは、製品開発に3年以上の長い時間がかかることがあります。一番大きな理由は「自分たちが、世界最高の製品だと思えるまでは発売しない」という信念があるからです。

企業経営にスピードが求められている昨今、製造業において製品づくりはモデルチェンジと値引き販売をくり返し、新たな購買意欲をかきたてることが毎年のルーティンになっていますが、そういったビジネスモデルに疑問を感じています。

「最初に買ってくださったお客様が、絶対に損しないように」。

かつて社員数たったの15人、誰も知らない町工場がつくった、無名の鍋を信用して買ってくださったお客様。その信用を裏切るような商売やビジネスはしたくない。だから高い価格をつけて、値引きをくり返すようなことは絶対にしません。

10年間、買い替える必要のない、同時にモデルチェンジが必要のない製品。それは、デザインのためのデザインではなく、機能から生まれたデザインである必要があります。そのためとことんこだわり、自分たちが自信を持てるまで世に出さないと決めています。

さらにバーミキュラは単に「道具」として販売しているのではなく、暮らしのなかで自在に使っていただくことで「豊かな暮らし」を提供していると考えています。

バーミキュラの能力を最大限発揮していただくため、オリジナルレシピも製品の一部であると考えます。プロの料理人であるバーミキュラ専属シェフが、オリジナルレシピを日々開発し、レシピブックや公式WEBサイトで公開しています。密閉性を生かした無水調理や、煮る、蒸す、焼く、ローストといったバーミキュラの鍋でできる多彩な料理を、誰もが楽しんでいただけるように、お客様の様々な生活スタイルやシーンにあわせた料理を開発し続けているのです。

いかにお客様のことを想像しながら製造していくか。それをいかに繊細にできるかが、日本本来のものづくりだと考えています。

余計な化学調味料を入れずに料理ができれば、健康とおいしさが両立します。おいしい料理は、家庭を明るくし、人を招きたくなり、人間関係やその人のライフスタイルまで変える可能性に満ちています。

成長よりも持続。絶えずお客様に何を求められているのかを感じ取りながら、お客様にこたえられる規模と技術を維持し続けたい。それがお客様にとって、社員にとっての幸せだと信じています。

製品、開発への姿勢

お客様の立場に立った日本のものづくり
10年間、モデルチェンジが必要ない製品

鉱さい

VERMICULAR
VERMICULAR

CHAPTER 4

The chefs and VERMICULAR

Albert Adria
ENIGMA/Barcelona

profile

スペイン・カタルーニャ州から料理界に革命を起こした、伝説の3ツ星レストラン「エル・ブリ」。

「世界一予約の取れない店」として5度にわたり世界ベストレストランのトップの座に君臨。芸術とも讃えられたその独創的な料理。パティシエとして身に付けた技術と大胆な発想でそれらの料理を生み出していたのがアルベルト・アドリアだ。

たとえば、現在あらゆる料理人が手がける調理法で、食材を亜酸化窒素ガスで泡状に変化させる「エスプーマ」の手法も「エル・ブリ」の発祥といわれる。食材を分子レベルまで解析したうえで科学的にアプローチする「分子ガストロノミー」を駆使し、アルベルトは食の可能性を鮮やかに切り拓く芸術的な料理で、「エル・ブリ」の厨房から世界を驚かせ続けてきた。

店が人気絶頂の2011年にクローズした後、アルベルトが世界のトップシェフとしての矜持を見せたのが、新たなスタイルのレストラン「エル・バリ」の運営である。バルセロナの一区画に高級レストランからカジュアルなバルまで、アミューズメントパークのように様々なコンセプトの6店舗を展開。なかでも予約困難とされる「エニグマ」は、一日30名の客に対し、スタッフは40人。客は40～45皿のコース料理を3、4時間かけて、厨房を含めた店内を順に移動しながら味わっていく。料理を核に、店の空間全体を使って非日常を体験する点は「エル・ブリ」のエッセンスを継承するが、料理はさらに進化を遂げていると、世界中の美食家たちが熱い視線を注ぐ。

15歳のとき、先に兄が働いていた「エル・ブリ」に誘われ、デザートづくりによって料理の面白さに開眼したのがすべてのはじまりだった。今や美食の街バルセロナで、アルベルト・アドリアの名を知らない人はいないほどのスターシェフだが、「食」への好奇心と探究心は少年のように純粋なまま。「食事で人を幸せにしたい」というまっすぐな願いをエネルギーに、客を驚かせ、喜ばせ、楽しませる料理の極限に挑み続ける。

私が「エル・ブリ」の厨房で働きはじめたのは、15歳のとき。勉強が嫌いで進学したくないと父にいうと、兄のフェランが働いていた「エル・ブリ」で一緒に働くように勧められました。入店して2年は研修期間。前菜から魚、肉、とコース料理の順に学んでいくのですが、デザートで研修が終わるというとき「ここが一番好きなセクションだ」と強く感じました。料理よりも自由で、皿の上で3Dアートのように表現できる可能性に興奮したんです。当時、兄は23歳の若さでヘッドシェフでしたが、結果的に兄は料理を、弟がデザートを担当することになったのは、絶妙なバランスでした。

「創造は模倣からは生まれない」という「エル・ブリ」のコンセプトから、創造性を高めるワークショップに取り組んでいた1998年、デザートのテクニックを料理に融合することを試みました。これはあたたかいゼリーというチャレンジです。日本の素材である寒天は溶ける温度が85℃と、あたたかい料理にも使える。これにより様々な増粘剤を使って温度や食感を試すことができるようになった。この年は、料理界全体にとってのターニングポイントでしたね。というのも、新しい調理器具が次々に開発され、料理にサイエンスを取り入れることができるようになった。そして「エル・ブリ」がミシュラン3ツ星を獲得した年でもありました。

にもかかわらず、2011年、世界中から客が集まる「エル・ブリ」は店を閉じ、世間を驚かせました。それから兄は食に関する研究機関の設立（エル・ブリ・ラボ）や料理の探求へと重心を移し、同年、私は再び店をスタートしました。しかし、すべてのお客様が期待していたのは「エル・ブリの再現」でした。方向性の違いから落胆しているお客様の気持ちも伝わってきましたが、「とにかく黙って地道に働くこと」に徹し、結果として自分のレストランを成功させることができました。だから今は心から幸せとやりがいを感じています。

もちろん「エル・ブリ」から引き継いだもの、たとえば科学の技法を料理に取り入れることは今でも行っていますが、「エル・ブリ」というレストランの目的が「料理界にエボリューションを起こすこと」だったのに対し、今の私は「料理を通じてお客様を幸せにすること」を第一の目的にしています。

Recipe

熟成オマール海老

材料：オマール海老、熟成した牛脂、ゲランド塩、カンボジア黒胡椒

見た目はオマール海老そのものでありながら、口に入れると牛肉の風味がいっぱいに広がる。食べる人に驚きと喜びと興奮を感じてほしい、というアルベルトの想いがそのままかたちになった一品。ボイルしたオマール海老に60日間熟成した牛脂を塗り、冷蔵庫で24時間熟成させてから、炭火でローストする。

Recipe

お米とエルダーフラワーのウェルカムドリンク

材料：エルダーフラワーの花、ミネラルウォーター、白米、麹

食事をスタートする前に甘みのないドリンクを飲むことで、口のなかがリフレッシュされ、味覚が研ぎ澄まされる。バーミキュラ ライスポットからインスピレーションをえたこの発酵ドリンクは、旬の花から抽出したお茶、米、麹という素材に、日本へのリスペクトを込めた。炊飯はもちろん、麹やドリンクを発酵させる工程にもライスポットの温度設定機能をフルに活用している。

現在「エル・バリ」グループは6店舗。そのなかで、「エニグマ」(迷宮のような空間)は「サプライズ(驚かせる)」、「ティケッツ」(入口が映画館のチケット売り場のよう)は「アミューズ(楽しませる)」、「ボデガ1900」は「トラディション(伝統)」というように店ごとにコンセプトを変え、それぞれの個性を明確にしています。いってみれば、私を含めた4人のクリエイティブチームです。すべての店のメニュー開発をラボで行っていますが、あるメニューのために季節外の希少食材を探し回るようなことはしていません。それよりも、今最もおいしくて手に入りやすい旬の食材を使い、そこからメニューを生み出すことを意識しています。

たとえばカツオが出回る時季なら、店ごとに使う部位を変えながらカツオのメニューをいくつも考えていく。他にも野菜やハーブ、豆、キノコなどもシーズンごとにおいしい種類が違います。ラボの壁に旬の食材のカードをカレンダーのように貼って、それを見ながら構想を練るほか、もちろん実地の市場歩きもアイデアの宝庫です。

季節ごとの素材ありきのメニューが一番自然の理にかない、無駄が出ず、お客様にも喜んでもらえる。その考えは、革新的な料理を追求していた「エル・ブリ」時代からの、私のなかでの変化といえるかもしれません。

店を展開するアル・パラレル地区は、バルセロナのなかでも一等地ではなく、むしろ廃れていかがわしいイメージの地区でした。でも物件の賃料が安い分、私にとっては出店しやすい場所だったのです。

最初にここで小さなタパスバーをオープンしたとき、人気エリアでないにもかかわらず、毎日たくさんのお客様が来てくれました。一軒の小さな店によって街がみるみる活性化していく地域創生の様子を眺めながら、繁華街よりもむしろやりがいを感じました。

「エル・バリ」=「ご近所」という名の通り、この地区で歩いて回れる範囲に6軒の店を持っています。私は各店舗に一日2回ずつ、1回目はオープン前、2回目は営業中に必ず顔を出すので、この距離感には大きな意味があります。スタッフの人数も多いですが、各店の予約状況などの情報を全員で共有し合いながら、とてもいい雰囲気で働くことができています。

「食事を通じて幸せを売ること」が、私のフィロソフィーであり、使命だと思っています。でも、そのためにはまず自分自身が幸せでいることが大切。忙しさに飲み込まれて疲れてしまっては、使命を果たせません。そしてそれはスタッフ一人ひとりにもそのまま当てはまる。昼の営業を休み、夜のみの営業の日を増やすなど、みんなが常にハッピーな状態で働ける環境をつくるようにしています。魂の宿ったレストランにするためには大切なことですから。

それに、この仕事はインスピレーションが重要です。五感がオープンになれば、何を見ても、触っても、新しい料理の発想につながる。頭が休まらなくてちょっと困るな、と感じるくらいにね(笑)。

どれほど長く料理の仕事をしていても、一番最近つくった料理が、自分の最高の仕事でなくては、と思うのです。味はもちろん、インパクトもそう。「エル・ブリ」の頃のようにがむしゃらに働く若さはありませんが、年齢を重ねた分、経験とテクニックは今の方がある。最後の仕事を最高にしたい。常にその想いで仕事と向き合うことが、向上心へとつながっていきます。

料理人にとって、新しい調理器具が厨房に加わるのは純粋に楽しいことです。テクノロジーが料理の可能性を広げてくれるのですから。手間をかけていたことが楽にできるというだけでなく、料理人をより自由な発想に導いてくれるのが、優れた調理器具の力だと考えます。

バーミキュラの印象は、驚くほど精密につくられていながら、とても自由な使い方ができるということ。とくに細かく温度設定ができる点は、1℃変わるだけでテクスチャーに違いが出るような料理に最適です。しかも精巧でありながら操作はシンプルなので、感覚的に扱えるのも嬉しいですね。

今はバーミキュラを使って、「エニグマ」にいらしたお客様に一番最初に飲んでいただく発酵ドリンクを出しています。「エニグマ」ではトータル40皿以上のメニューをお出しするので、はじめに甘みのないドリンクを召し上がって味覚をリセットしていただくきまりなのです。

日本生まれの製品に合わせて、メインの材料は米と麹。また和食はとくに旬を大切にしますから、1年のうち2カ月しか市場に出回らないエルダーフラワーから抽出したハー

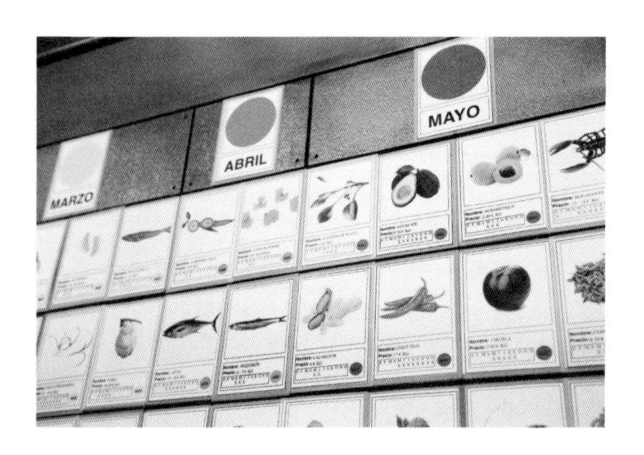

ブティーを使いました。エルダーフラワーティーで米を炊き、麹を混ぜ合わせてから発酵させています。発酵には温度管理が重要なので、このドリンクでバーミキュラの機能を有効に活用できています。

家庭用に開発された製品だとしても、バーミキュラの正確さと、忙しくても直感で使いこなせる機能はプロのための厨房機器として、とても魅力的です。調理はもちろん、温度と時間によって味や食感がどのように変化していくのかを学べる格好の実験器具にもなりますから。「エル・ブリ」のキッチンにも、もしバーミキュラがあったら、作業がどれだけ効率化しただろうと思いますね。もっと革新的な料理が数多く生まれていたかもしれません。

バルセロナが美食の街であるのは、地中海に面していて、たっぷりと降り注ぐ太陽が、野菜や果物やワインの味をおいしくするからです。つまり食材を豊かに育む土壌からの恩恵を受けて私たちは暮らしているのです。

私の店があるこの地区だけでなく、バルセロナのほとんどは歩いて散策できます。有名な建築もたくさんあり、エリアごとにそれぞれ違う雰囲気を肌で感じながら、夕方の時間にのんびり歩いて回るのが、私のおすすめのバルセロナの楽しみ方です。

日本は、これまで何度も訪れている大好きな国。とくに1998年にはじめて行ったときの感動は今でも覚えています。それまで自分のなかの美食のカテゴリーには、フレンチと、自国のスペイン料理の二つしかなかったのですが、日本で和食と料理人の繊細さを前にしたら、自分の野蛮さが恥ずかしくなりました(笑)。食材への豊かな知識や、料理の伝統を継承する意識、包丁など調理道具の品質も、すべてにおいてきめ細やかさと情熱が感じられ、素晴らしい。

今、「エニグマ」には日本の鉄板焼き風のカウンターがありますし、メニューにも刺身のような料理をよく登場させています。そもそも「エル・バリ」のなかに「パクタ」という日本の居酒屋をモチーフにした店もあるくらいですから、日本から受けた刺激と影響は絶大です。でもそれは私だけでなく、世界の料理人に共通していえることであるのは確かですね。

Shinobu Namae

L'Effervescence/Nishi-azabu

profile

2010年に東京・西麻布にフランス料理店「レフェルヴェソンス」を開店。連続してミシュラン東京の2ツ星を獲得。アメリカのCNN制作による世界紀行番組では、フレンチを基本としながらも「日本の風土の豊かさ」が伝わる、東京を代表する料理として紹介された。

新世代ガストロノミー界を牽引し、今や世界中から注目されている存在だが、本人はいたって穏やかな自然体。分け隔てなく誠実に接する人柄は、客やスタッフのみならず、食材を提供する全国の生産者からも愛されている。

大学時代はジャーナリストを目指し政治学を専攻。在学中のアルバイト経験から料理の道へと進む。その後、現代フランス料理界において「自然から料理を創作する天才」と称されるミッシェル・ブラスの料理に衝撃を受け、イタリアンからフレンチへと転身。2003年より北海道の「ミシェル・ブラス トーヤ ジャポン」で研鑽を積み、2008年からはロンドンの3ツ星レストラン「ザ・ファットダック」でスーシェフ(副料理長)を務めたのち、自らの店を開いた。

店名にある「effervescence(エフェルヴェソンス)」はフランス語で「快活・生き生きとした」という意味。一皿一皿を味わいながら、豊かな自然とつながる喜びを感じ、命への感謝に包まれることが、人間本来の生きる哲学に沿うと信じている。それゆえ、ブラス時代に学んだ「地の食材」をふんだんに活かした料理を信念とする。

2018年度アジアベストレストラン賞では、食材の調達基準や環境への配慮、スタッフの労働時間など、厳しい評価基準を満たしたレストランのみに贈られる「サスティナブルレストラン賞」を受賞した。しかし高い評価を得て、美食家の予約で席を埋めることが目的ではない。世界中の人々が幸せになるために、自分の力を使いたい。そのための料理、行動、生き方を追求する姿勢を、しなやかに貫く。

目に見えるもの、肌で感じるもの。どんな対象でも実際に体験してみないと、物事の良さはわかりえないというのが僕の信条です。どんな自然を背景に、どんな大地で育まれた食材なのか。そういった風景に身を置く体験は、料理を独自の表現へと導いてくれます。四季折々をとらえる大らかな料理もあれば、季節の変わり目のたった数日間を旬としてとらえる料理もあります。ある一瞬ともいえる、わずかな時間を切り取った一皿によって、旬を味わい、季節を愛でることができる。その出会いをつくることが料理人の役割であり、責任でもあると感じています。

ですから、北は北海道の礼文島から、南は沖縄の与那国島まで、契約を結ぶ全国の生産者とのつながりは、僕にとっての貴重な財産です。彼らとの出会いは、自分で探しあてることもあれば、先方からアプローチいただくことも。しかしどんな場合でも、僕は必ず産地へと足を運び、つくり手と一対一で対話をすることを大切にしています。

もともと「旅」は僕のライフワーク。昔から旅先で出会いに恵まれる機会の多い人生を歩んできました。今使っている与那国島の塩も、沖縄県那覇市の中華料理店で居合わせたお客さんと話してみたら、実はその方がおいしい塩のつくり手だった。よくあるんですよ。東京に暮らして家と店を往復しているだけでは、こんな奇跡、まず起こらないでしょう。

海外へも積極的に出かけます。昨年はブータンへ。今年もオーストラリアのアボリジニの人々が暮らす区域で「ハンティング」という伝統料理を学びました。ただ、料理のヒントを探す目的で旅へ出かけるわけじゃない。仕事も旅も地続きで、ただ自分の心が動き、足の向く方向へと出かけてみる。感覚を頼りに、つねに動いていることが自分にとって自然だと感じる。働く場所を選ばない、ノマド（遊牧民）ワーカーなんですよ、きっと。

Recipe

甘鯛の乳清ポシェ

材料：甘鯛、そら豆、グリーンピース、花山椒、山椒オイル、乳清

乳清に一晩漬け込んでから、70℃に設定したライスポットの温度設定モードで3分間茹でる。この独自の調理法によって、しっとりと深い旨味が引き出された甘鯛。その鯛を主役に、グリーンピースとそら豆、花山椒など、春の食材を上品に競演させた。1年で1週間から10日ほどしか咲かない、はかない旬をとらえた花山椒に、日本の季節の繊細な美しさを伝えたいという料理観が宿る。

以前、自分のルーツが気になって調べたことがあって。2万年ほど前まで遡ると、北方狩猟採集民へと行き着く。ずっと移動して生活する民族の血を引いていると知り、この落ち着きのない性分にも納得しました。料理を職業にしたのは「旅」というライフワークとつながっていることも、動機の一つなのかもしれません。

料理人の仕事は、厨房で料理をすることがすべてじゃない。シェフである以前に人間であり、また地球上に暮らすこの惑星の住人でもある。だから自然との調和が必要だし、人でもものでも食材でも、相手を思いやることを自分の目線でちゃんとできているかどうか。その意識を忘れちゃいけないと、いつも思っています。

大学では政治学を専攻し、世のなかの不条理や不平等を少しでもなくしたいと意気込んで、ジャーナリストを目指しました。昼は学校、夜は学費を稼ぐために働き、明け方に少し眠って……という猛烈な日々でしたが、せっかくなら働きながらおいしいものが食べたい！と、イタリアンレストランでアルバイトをはじめました。皿洗いからスタートし、やがて包丁を握らせてもらえるようになり、しだいに料理への興味が深まって。何より自分の料理に、お客様から直接言葉をいただけるのが嬉しかった。まさに「生きている」という実感。料理を通して人と直に触れ合う魅力に魅せられて、卒業後は西麻布に本拠地を置くイタリア料理店に就職しました。

一方で当時、フランス料理に興味はあったものの、どうも素材が生きている気がしない。素材がありもしない形に変身しているような違和感があって。そんなとき、ニュー

ヨークの書店でミシェル・ブラスの料理本がふと目に飛び込んできた。彼の料理はフレンチですが、ページをめくりながら、どれも素材の顔がちゃんと見える点に強く共感したんです。食べることは、命あるものを感謝とともにいただくこと。素材に対して誠実に向き合い、自然に敬意を払っていることが、ブラスの料理の写真一枚一枚から伝わってきて、「自分がつくりたいのはこういう料理だ！」と直感的に思いました。

そして、ブラスの2号店が北海道の洞爺湖にあることを知り、ニューヨークから帰国するやいなや、すぐ飛行機に飛び乗りました。30歳でブラスの店に入り、自然の美しさの表現を、和食とは別の手法で、のびのび自由にやれるのも、フレンチの懐の深さゆえではないかと実感しました。

その後、35歳でロンドンの3ツ星レストランでスーシェフを経験し、37歳で店を持つことができたのですが、店をオープンしてしばらく経ってみると、自分が全く幸せを感じられていないことに気づいたのです。フォーマルなファインダイニングは、ハレの日の舞台として使っていただくことがほとんど。それはとても誇らしいことだけれど、レストラン以外の社会との関わりが希薄なのです。

料理人として評価されるだけでなく、社会から必要とされる存在にならなければ、やりがいを感じられない自分がそこにいた。ですから、当事者だけが利益を得るような仕事には興味が湧きません。食の産業全体を盛り上げ、世のなかを今よりも幸せにするために働きたい。大学の専攻とは全く違う道に進んだようでいて、実は根っこにある「皆が共に幸せであってほしい」という願いは、何も変わってないんです。

店を運営する立場としても、ベテランや若手の区別なく、スタッフ一人ひとりが個性と能力を発揮して、活躍できる場をつくることに力を注ぎたい。

たとえば新メニューのお客様へのプレゼンテーションの言葉選びは、サービススタッフのセンスに任せています。僕の店では、スタッフ全員の料理説明を録画し、職場の全員でそれを見ながら意見交換し、最終的に僕が3ツ星で評価することにしています。ベテランの方が上手いかというと必ずしもそうではなく、豊かな感性を持つ若手スタッフの表現力に驚かされることもしばしば。

年功序列に縛られると、切磋琢磨する空気が生まれにくい。キャリアに関係なくオープンに評価されることでベテランも若手も仕事へのモチベーションがアップします。公平性のある職場になればスタッフ全員が成長し、その結果として店全体のクオリティも上がります。

社会から恩恵を受けながらここまで働いてこられた分、一緒に働いてくれるスタッフにも恩を返したい。ではどうやって返すのかといえば、高い給料を払うだけでなく、もっと相手の将来につながり、本質的な支えとなるもの。

それは、この店を卒業したことが社会的な信用となり、彼らが自分の店を持ちたいと思ったとき、サポートしてくれる相手を見つけやすくなることではないか。そのために、僕の店は社会的に認められるレストランであり続けたいし、世間から与えていただいた価値を下げるようなことはしたくない。

それが次世代の背中を後押しし、ゆくゆくはバトンを渡していくことになるのではないかな。料理人としての役割を与えてもらった自分が、社会に対して恩を返していくことが、大きな意味での自然の循環にかなうことになるのではないかと考えています。

Recipe

季節の野菜のサラダ

材料：パープル白菜、金美人参、サラダゴボウ、ダンデライオン、レッドオゼイユ、マイクロセロリ、赤からし水菜、ターサイ、蓮根、芽キャベツ、紅はるか、マルバトゲチシャ、カラスノエンドウ、キオッジャビーツ、ゆり根、インゲン、ツリガネ人参、赤コゴミ、雪うるいなど

日本各地で採れた旬の野菜約50種を使い、奥を山、手前を里に見立て、皿の上に美しい日本の山里の風景を描くように盛りつける。レフェルヴェソンスのディナーコースの3皿目に登場するサラダで、ここに使われる野菜の産地と生産者を記したリストも手渡す。
※レストランでは、写真左が手前となります。

Tetsu Yahagi

Spago/Los Angeles

profile

世界中から常に注目を集めている街、ロサンゼルス。その中心であるビバリーヒルズにおいて、日本人の感性を取り入れた独創的な料理を提供し、世界中から集う食通たちをうならせているテツ・ヤハギ。

日本有数の茶の名産地、福岡県八女市生まれ。父の仕事の都合で中学と高校という多感な時期をアメリカ・ロサンゼルスで過ごす。当時は毎日のように本屋へ通い、世界の料理本を一日中でも眺めている夢多き少年だった。ある日、運命を変える一冊の本に出会う。最初のページを開いた瞬間「これは、ほかのものと全然違う」と衝撃を受けた。そこには今まで見たこともない料理が載っていた。それこそが、現在、彼が師と仰ぐウルフギャング・パック氏の料理であった。パック氏はカリフォルニア料理の草分けであり、アメリカ映画界において最も名誉であるアカデミー賞授賞式の公式シェフとして活躍している、世界でも有数のシェフである。

日本への帰国が迫っていた頃、テツは両親に頼み込み、ビバリーヒルズにあるパック氏のフラッグシップレストラン「Spago」へ連れて行ってもらい、夢にまで見たパック氏と出会う。そこで食べた料理の数々に、あらためて衝撃を受ける。ベースはフレンチだが、様々な国の要素が取り入れられている。まさにアメリカならではの料理であった。「自分もこういう仕事がしたい！」17歳だったテツは、料理の道へ進むことを決意する。

日本に帰国後は調理師学校でフレンチを学び、フランスと日本で研鑽を積む。調理師学校を首席で卒業後、パック氏が日本へ進出する際、再会を果たす。日本にオープンした彼の店で腕を振るったのち、2005年、運命の扉であったロサンゼルス「Spago」へ単身乗り込む。独創的な料理の実力を認められ、10年以上にわたり総料理長を任され、200人以上のスタッフを指揮する。

ロサンゼルスで活躍している他の日本人シェフといえば和食というイメージがありますが、そこが僕とは大きく違う点です。とはいえ、アメリカという国ではやはり日本人としてカテゴライズされますから、どちらにせよ少し異質な存在です。だからこそ料理における表現の自由があると思っています。

料理において自分らしさの核としているのは、主役の素材にしっかりフォーカスを当てることです。複数の材料を組み合わせる場合も、マグロやタコといった主役がきちんと際立ち、コンセプトが伝わる料理に着地させることを意識しています。新しいアイデアは常に探していますよ。最近ではペストリーのような見た目でありながら、食べる人の予想を裏切り、ほのかな塩味や、程よい油分のまろやかさを感じられるといった、意外性のあるメニューを生み出すことが楽しいですね。

和食の考え方や技巧をベースにしながら、和に傾倒しすぎない世界を表現していくという「Spago」のコンセプトは、料理ジャンルというはっきりとした分類がなされない分、すべての判断を自分でしなければならないプレッシャーもあります。これは自分のなかで新しいといえるかどうか、納得できるかを基準にしながらも固定概念を破り、常に挑戦する勇気を持ち続けたい。それは生きるうえでも、料理をするうえでも同じです。

高校生のとき、ロサンゼルスでパック氏の料理に出会ったことは運命でしたね。当時、アメリカで見向きもされなかった日本の食材を完璧なフレンチとして昇華させている彼の料理を目にして、希望の光が差し込んだ。日本を武器にすることができるんだと。帰国後、調理師学校でフランス料理を勉強したのも彼の影響からです。僕が通っていた学校にはフランスに姉妹校があったことから、1年間本場で修業していましたが、そのあいだはカリフォルニア料理のことはすっかり忘れてしまっていました。

調理師学校を卒業してからは、グローバルダイニングで働きました。そのうちパック氏に対する想いが募って、ある晩、思い立って手紙を書いたんです。そのときのパッ

Recipe

バーミキュラで炊いたタコのハバネロソース和え、ココナッツと昆布のジュレ

材料：タコ、ハバネロ、玉ねぎ、ココナッツ、ライム、昆布、オリーブオイル

インパクトのある黒いソースは、ハバネロと玉ねぎの表面を焦がしてオリーブオイルと混ぜたもの。ハバネロの特長であるほのかな柑橘系の香り、ライムとココナッツジュースの爽やかな風味が、タコのおいしさを引き立てる。タコを柔らかく炊くのには、バーミキュラ ライスポットの温度設定モードが最適。

ションだけはすごかったと思います。そのときは何の反応もなくてダメだったけれどその手紙がきっかけで、パック氏が日本に進出するときに声をかけてくれて、系列店で働くことができたんです。でも、そのうちにやはりアメリカ本土で料理の仕事をしたいという気持ちがムクムクと湧いてきました。けれど渡航するお金もなく、ビザの問題もあるからとアメリカ行きを尻込みしていた僕に、ある先輩が背中を押してくれたんです。「アメリカに行きたい、ではなく、行くと決めてしまえばいい。あとは行く準備をするだけだ」と。この先輩のひと言がきっかけで僕はアメリカ行きを決行しました。その行き先はパック氏のお店。「少しのあいだで良いから働かせて欲しい」とお願いし、観光ビザ3カ月の期間、無給で働きました。もちろん貯金を切り崩しての生活。それでも夢が実現して幸せな日々でした。おかげでこのときの仕事ぶりが認められ現地での採用が決まりました。ビザも無事に取得し、再びロサンゼルスへ渡ることができたのです。

ロサンゼルスは人種のるつぼ、まさに世界の縮図です。お客様はもちろん、スタッフにおいても、宗教やルーツである国の歴史的背景についても最低限の知識と理解が必要です。僕自身も、実はロサンゼルスに来るまで、意識したことはありませんでした。

例えば、店のスタッフはキッチンだけでも約40人いますが、世界中から様々な人種が集えば、必ずしも友好な関係とは言えない国や民族同士が一緒に働く場合もある。それはロサンゼルスという街ではもっとも意識をしなければならないことです。そうした現実を踏まえた上で、世界中の文化にヒントを得た、ジャンルにとらわれない新しい料理を提案する店でありたい。そのなかで日本人シェフとしてできることは何かを、いつも考えています。

バーミキュラ ライスポット（米ではMUSUI-KAMADO）は愛用していて、家でも店でも使っています。手に入れてからは、本当にガスを使わなくなりましたね。

アメリカにはスロークッカーのようなシチューなどの煮込み料理に使える道具は多くありますが、ライスポットのすごいところは米も炊けるし、グリルもできるし、鍋として直火でも使える。何よりも密閉度が全然違う。こんな調

Recipe

マグロのタルタル、味噌と胡麻のチュイル

材料：マグロ、味噌、胡麻、鰹節、かいわれ大根、ネギ、とびこ

「Spago」に初来店するゲストに、アミューズとして出すシグネチャーメニュー。イメージはもちろん、日本の手巻き寿司。魚も野菜も豊富なカリフォルニアで、日本人としてできる表現を考え、たどりついた料理。

Recipe

牛ヒレ肉のロースト

「主役の素材のおいしさがはっきり伝わる料理を」というフィロソフィーが感じられる、シンプルな一皿。牛ヒレ肉をローストし中心部をくりぬいた贅沢な一品。骨ごと調理した骨髄を添えて。きのこは、季節によって旬のものにアレンジする。

理器具はどこにもないですね。

ライスポットのアメリカ版レシピブックは、僕とバーミキュラ専属シェフたちとの共作です。バーミキュラチームの一員となって、一冊の本をつくり上げるのは非常に素晴らしい時間でした。バーミキュラの性能をしっかりと伝えながら、いかにアメリカの人たちのライフスタイルになじむレシピをつくるかが課題で、意識したのは、家庭でつくりたくなる料理。プロとなるとつい「俺すごいでしょ」という部分を出したくなるものですが、それは封印。僕の妻がつくってみたいと思えるレシピを考えました。料理の基本理論の裏付けもありながら、どこでも手に入りやすい材料でできるレシピです。アメリカは多人種なので、エスニックな調味料も手に入りやすいのが日本と違うところ。その分バリエーションも豊富に揃えられましたね。

趣味はカメラ。バーレーンやトルコまで飛んで料理をして、それを撮ったりすることもあります。写真は、メインの素材をどれだけ際立たせるかという点で料理をすることととても似ていると思います。

休日にはカメラを片手に、料理や写真の材料を求めて出かけていますよ。

カリフォルニアは、とにかく野菜がおいしいんです。ニューヨークのシェフが、ロサンゼルスのファーマーズマーケットから野菜を空輸してもらっているほどこちらの野菜はおいしい。ちょっと市場へ行けばどんな食材でも手に入る。都会でありながらこんな環境って本当に恵まれていますよね。ロサンゼルスで働く楽しさですか？ やはり、多民族、そして多文化ですね。みんなが同じ方を向いているということは前提としてはありえない。そのなかでどんなゴールに持っ

photo by Tetsu Yahagi

ていくかということを常に模索しています。料理に関しては、おいしくて良いものを使えばSpagoの料理としては合格点ですが、僕は皆を驚かせたい。ですから、スタッフからオープンにアイデアを募集しています。いえ、むしろアイデアを出すことを義務としていますね。

この仕事をはじめた最初の頃は、とにかくいい料理をつくることが目標でした。でも、今はちょっと違ってきています。極端にいえば、ナンバーワンの料理人じゃなくてもいいんです。そもそも僕は日本人としてアメリカで勝負する、という強い覚悟はあまり持っていません。あえていうならば、僕らの次に海外へ来る日本人が挑戦しやすくなるような環境をつくれたらいいなと考えています。僕自身も海外に飛び出していったときに「日本人だったらある程度はできるでしょう。やってみてよ」といってもらえた。フランスでもアメリカでも同じでした。それは、これまでに海外で頑張ってきた人たちの「日本人は仕事ができる」という遺産があったからこそ。このレガシーを僕はこれからも守っていきたいと思っています。

いい料理をつくれる人は僕よりたくさんいる。でも、世界の人たちとコミュニケーションをとり、文化背景も理解しながら、しかも軽く冗談もいえたりすることができる料理人は、なかなかいないと思うんです。そのコミュニケーション能力をうまく使える仕事ができたらいいなと思っています。料理をツールとして世界とつながっていきたい。ですから料理が最終目標ではないのかもしれませんね。

JAMÓN IBÉRICO de CEBO
110,00
JAMÓN IBÉRICO de BELLOTA
205,00
PRODUCTES
PRODUCTES
PRODUCTES
PRODUCTES
PERNIL

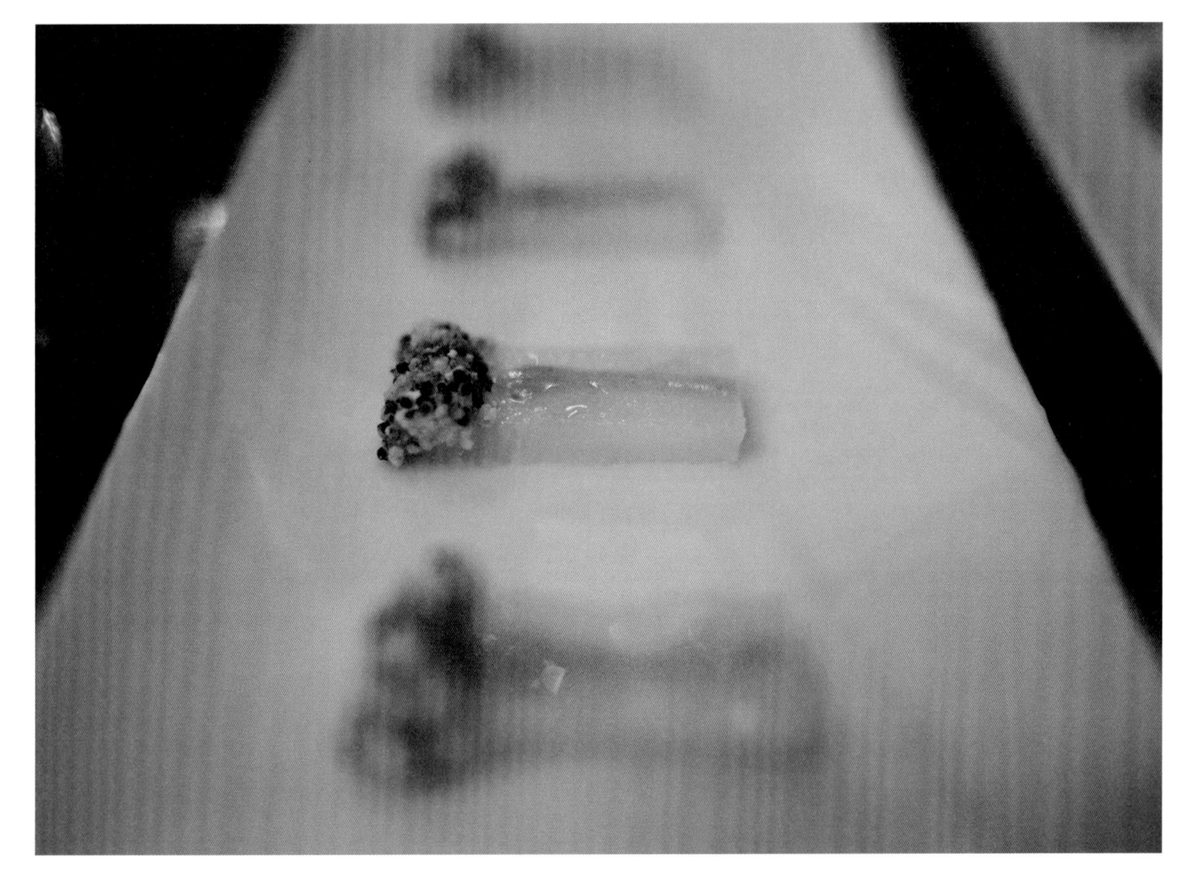

Hiroyuki Sato

Hakkoku/Ginza

profile

2014年、店主を務めた「とかみ」でミシュラン東京の1ツ星を獲得。2018年独立。「はっこく」を開店。

人一人の食欲を満たすには必要十分とも思える絶妙な30貫。握りのみのコースという独自のスタイルは、従来の慣例に抗うというより、奇を衒わず「普通」の仕事がしたいという佐藤の想いから生まれた。鮨屋だから鮨。当たり前といえば当たり前だが、現代では誰もやろうとしなかった試みを成し遂げる。

店内には6席のカウンターが3つ。6人の客を相手に、職人一人が握るシーンは、従来の鮨屋では見られない光景だ。客との絶妙な間合い。佐藤の接客はラフで軽やかで鮨屋特有の緊張感や気負いを客に感じさせることがない。一見、自然体のようだが、それは、食事には一体感が大切であるという考えに裏打ちされたものだ。店内は和紙の壁や障子で仕切られ、繭のなかで守られているかのような柔らかな光に包まれる。ウェイティングスペースは茶室に入る前の待合のような存在で、五感を寛がせる贅沢な空間となっている。

世界へと目を向けた活動にも意欲的で、国内外の有名シェフとのコラボレーションによる美食イベント『Hakkoku Sushi World Tour』も主催。

店名の「はっこく」とは、「白」と「黒」を平仮名で表現した。光と闇、陰と陽、静と動というように、物事には必ず表裏があり、相反するもの同士がバランスを取り合い、実はお互いを支え合う。主と客、日本と世界、伝統と革新。すべては「人」を基準に。「鮨」を介して人と人とのあいだに生じる「あわい」が、30貫の握りに凝縮している。

鮨のおいしさには、素材の良さ、その切り方、シャリとのバランスなどはもちろん大切ですが決してそれだけでかなえられるものではありません。味以外に、空間、サービス、器、コースのリズム、職人と交わした会話など、すべての要素が組み合わさったうえで「おいしい」と感じていただけるのであり、そこで最上質の体験を提供できてこそ高級店としての差別化もかなうのです。

特に鮨の見た目の美しさにはこだわりがあります。たとえば飾り包丁。ほとんどの職人は均等に切れ目を入れるけれど、そうしてしまうと全部同じ食感になってしまう。ネタに合わせて、もっと神経を配りたいと考えています。単に等間隔に入れる、無意識に同じ深さに揃えるのではなく、どうしたら切れ目がきれいに見えるのか、美しく見える最高のラインがあるはず。それを追求すれば、おのずとおいしくなるはずです。

開店当初は、その日市場に行って、鮨ネタになる魚をすべて買ってきて、お客さんにお好みのコースをつくってもらおうと考えました。最近の鮨屋はお任せが主流で、食べたいコースが食べられないでしょ。それでは面白くないと思って。だけどみんな食べきれなくって。最終的にちょうどいい30貫に行き着いた感じです。

おいしさって、味だけでは絶対ないと思う。空間や接客、器も含める全体で味わうもの。だから鮨と同じで、握る姿も見た目が重要。誰の動きが格好いいかって、考えて。もちろん親方の握りが格好いいと思って修業したんですから、鏡を見てまねして、何度も練習しました。鮨は、目で見て肌で感じるものですから。

自分の鮨屋を持つなら、場所は世界中の誰もが目指して来られる銀座でなければ、と思った。世界でもトップクラスの食のレベルを誇る街でナンバーワンの人気を獲得できたら、そのブランド力は店を守ってくれるだけでなく、世界中の料理人と対峙するときにも強い武器となってくれますから。

どんな世界でも出る杭は打たれるもの。でも出すぎた杭になってしまえば、もう打たれないでしょ。だからやろうと思ったなら中途半端ではなく、思いきって信じた形でやると。そのときひとりよがりではなく、お客さんや世界に目を向け、みんなが楽しくなれる方向に自分の力を使いたい。それが僕の目指していることです。

飲食業界に入ったきっかけはグローバルダイニング。学生時代ウェイターとして、まさかの時給850円スタートでした。でもその店では接客に力を入れていて、おもてなしをする力ってすごいと思った。接客しただけなのに「また来るね」ってお客さんが喜んで帰って行くのが嬉しくて。その後、マネージャーとして数字を見たり、人を教育したり、ホール業務を一通りやらせてもらった経験は大きいですね。正直、鮨屋をやるつもりは全くなかった。家業を継ぎたくはなかった。でも、なじみがあったから入りやすかった。父親が天ぷらを揚げていたら、天ぷら屋になっていたと思います。

鮨ならばつくりながらカウンター越しにお客様と接することができるから、この道を選びました。だから自分の鮨を極めることがゴールではなく、鮨を通じて人とつながりたい。海外のお客さんを受け入れる姿勢を貫いているのも、純粋に鮨を楽しんでくれる姿を見られるとうれしいからです。

鮨屋って飲食業の楽しさのすべてが味わえるんじゃないかな。だから、今こういう風にお客さんが来てくれるのは、たまたま運がよかっただけ。何にもしていない。ただまわりの人に恵まれて、自分も普通にがんばっただけ。だから、なんで世界中からお客さんが来てくれるかなんてわからない。マグロと赤酢がおいしいんじゃないのかな（笑）。

今、世界各国で食イベントをしていますが、他の洋食の人たちとコラボするのって大変なんです。鮨は一貫ずつ、一人ずつ握らなくちゃいけないじゃないですか。

だからこそできるスペシャル感っていうか、僕らにしかできないものがある。世界で鮨を握ってみて感じることは、鮨嫌いな人ってあまりいないってこと。ガストロノミーが流行って、手の込んだ料理に注目が集まっていますが、鮨って料理じゃなくてフィンガーフード。それがいいのかもしれない。

うちのシャリはライスポットで炊いてます。おいしく炊けるからっていうことはもちろん、ごはんって同じクオリティを保つのがすごく難しい。それこそ羽釜じゃなきゃっていう人もいるけれど、炊き上がりの味で比べても全く遜色ない。しかも羽釜だと、その日の気温、湿度、火加減など、たった数秒の違いが大きな差となって現れる。毎日触って毎日炊いている人じゃないとわからないことってあるんですよ。だからライスポットの「安定」は僕からの最大級の賛辞です。

もう一つ、鮨のシャリは「底シャリ」といって、鍋肌との接点は不均一な炊き上がりになるので、表面だけをすくって酢と合わせます。だから「底シャリ」はかならず捨てる。でもそれは、無駄をつくることになる。わかっているのに無駄をわざわざつくるのは、かなり不自然。ライスポットであれば、均一に炊けるから無駄になる米がでない。これもいい点。

バーミキュラはものづくり、こだわりがあってやっている。一見、職人みたいだけど、世界を見ているし、お客さんを見ている。その結果、ライスポットが生まれたと思う。レシピ本をつくったり、世界に売りに行ったり。僕らも鮨を握って、何か楽しいことがやりたいなと思っている。その気持ちがわかるって思った。同じ景色を見ていると。

お客さんのことを思ってよりいいものをつくりたいと思っている。いい製品でなければ攻められない。胸張って海外へ行けない。そこは似てるかなって。オリジナルのバーミキュラをつくってもらったときも想像以上のものになりましたし、何も言っていないのにうちのロゴの形をした鍋敷をつくってきてくれたり、そんなホスピタリティを持っている人たち、なかなかいないですよ（笑）。

Recipe

焼き野菜

季節の野菜をそのまま入れて無水調理。鮨のみを提供するはっこくの料理のなかで唯一鮨ではない料理。オリジナルのバーミキュラで火入れする。野菜によって温度と時間は変わる。最後に炭火で焼き目を付け、米油と塩で仕上げる。この日は、芽キャベツ、ホワイトアスパラガス、ジャンボなめこ。「料理として出したくない。つまがわりの箸休め。鮨のコースを邪魔しないちょっとした野菜。だから手をかけないし、かけちゃいけない」。

マグロの切りつけに時間がかかるので、待ち時間をなくし、リズムよく食べてもらえるよう、コースの流れに加えた。このはっこくオリジナルモデルのバーミキュラは、佐藤がリクエストしてつくられた初の楕円形。一品だけ出す野菜のメニューを鍋ごとサーブしたい。しかし、普通の鍋だと器としての余白が望めない。上から見たときに器としても完成されたバーミキュラを、という要望で、佐藤が描いた絵をもとに、バーミキュラ開発チームが形を整えていった。鍋敷きもすべてオリジナルで木材から削り出した。鍋敷きには「はっこく」の刻印が見える。

profile

「和牛で世界一を獲る」。この野望を胸に、浜田寿人が2016年に堀江貴文と結成した「WAGYUMAFIA」。和牛を最高級食材として新たな角度からブランディングし、会員制レストランやポップアップイベントでの料理とショーを通じて、その魅力を世界にアピールするユニットだ。4年足らずで、東京のほかに香港と拠点を増やし、一度「WAGYUMAFIA」のパフォーマンスと肉のおいしさに魅了された客は、海を越えてまで各地のイベントに駆けつける。

代表メニューのカツサンドは、肉のレベルによって一皿2万円から5万円という価格設定。それでも海外の美食家たちは、嬉々として数皿を平らげる。

浜田は、父親の仕事の関係で幼少期から海外で暮らし、料理上手な母とともに3歳からキッチンに立っていた。やがて外国映画の配給など映画ビジネスで活躍するが、現代の食品産業の裏側を描くドキュメンタリー映画に携わったことで、食の業界への興味が湧く。そこへ訪れたのが、宮崎県のブランド牛・尾崎牛の生産者との出会い。世界トップレベルの料理も味わってきた自分の舌が、「この肉は必ずナンバーワンを獲れる食材」と確信し、本格的に和牛ビジネスへと乗り出した。

和牛のブランド的価値を伝える手法として、浜田が最もこだわるのは「わかりやすさ」だ。美食ブームのなか、シェフが自らの料理を追求していくと、表現がどんどん複雑になる傾向があり、それを味わう客も、知識や理屈で料理を批評するようになる。しかし、食とは本来「おいしい」「楽しい」「ワクワクする」といった単純な感覚で味わうもの。だったら最高級食材の品質を、子どもでもわかる明快さで表現し、「食べる幸せ」をストレートに体験させてみたい。

「WAGYUMAFIA」というネーミングも、カジュアルなストリートフードで構成されるメニューも、世界に誇れる和牛のおいしさを「一秒以内で伝えるため」の戦略。その狙いが的中したことは、各地での活動の成功と反響が物語っている。

子どもの頃から海外で暮らした時期が長く、両親ともにおいしいもの好き、料理好き。だから僕は、世界中のおいしいものを食べて生きてきた、という自負があります。名店の高級料理から庶民的なストリートフードまで、それらを現地で食べた経験は、料理一筋のシェフにも負けないでしょう。

今、和牛の魅力を伝える立場として、自分はオーケストラの指揮者のような存在です。食べ手としての経験の豊富さを武器に、料理のコンセプトを立て、フレームワークをつくり、シェフたちに指示してつくらせる。そうして出来上がったものを、「WAGYUMAFIA」の料理と呼べるか、そうでないかを判断するのも僕の役目です。

実は、映画の仕事をしていた頃、フランス映画の関係者をもてなす場として会員制フレンチレストランの経営を手がけたことがありました。オーナー兼プロデューサーとしてシェフを雇い、高級フランス料理を提供していたのですが、はじめての店だったので僕もシェフも想いが先行し、今考えるとずいぶん難解な料理を出していた。店は10年続けましたが、経営的には難しく、利益も出せませんでした。

その経験から学んだのは、食べることは、本来とても感覚的な行為だということ。しかし食べることが好きな人ほど、ミシュランの星の数や、シェフの経歴など知識で食べるようになっていく。たしかにそれも一つの楽しみ方ではあるけれど、過去の反省も踏まえて「WAGYUMAFIA」でやりたいのは、料理をエンターテインメント、新しいコミュニケーションの形として提案することなんです。そのために、「おいしい」のはもちろん、体験としてどこまで「楽しい」ものにできるか。そこを重視しています。

「WAGYUMAFIA」で意識しているのは、切断面をとことん明確にすること。「和牛」の「マフィア」というネーミングしかり、サンドにしても、肉をはさんだサンドイッチで、目の前にこの皿を出されてどんな料理か想像がつかない人は、世界中どこにもいないはず。

僕はよく「人が認識するまでのスピード」について考えるんですが、「WAGYUMAFIA」では「一秒以内でわかるもの」を目指しています。言葉でいろいろ説明しなくても、見た瞬間に即時的に理解できるものにしたい。それはどんな料理かと考え、行き着いたのがストリートフードです。日本なら寿司、ラーメン、焼き鳥、蕎麦とか。料理としての歴史が長く、背景がしっかりしていて、誰からも親しまれる料理を、最高級の和牛で再定義したらどうなるか。そ

Recipe

カツサンド

WAGYUMAFIAを象徴するこのメニューは、実は店を訪れた海外のお客様から「和牛シャトーブリアンのカツサンドが食べたい」というリクエストを受けて生まれたもの。「最高級和牛でつくるストリートフード」という明快さが喜ばれ、一皿2万円以上という価格ながら、中目黒のカツサンド専門店ではいつも瞬く間に売り切れるほどの人気。

の発想から「WAGYUMAFIA」のメニューが生まれることは多いですね。ストリートフードは世界中どんな土地にもあるので、各都市ごとに可能性は広がります。

ずっと日本と外国を行ったり来たりして生きてきたし、「WAGYUMAFIA」も最初から世界を舞台にしたプロジェクトとしてスタートしました。海外の友人も多いので、外国人が日本に来てどんなメニューに食いつきやすいか、という場面をよく見ています。やっぱりみんな「寿司が食べたい」「ラーメンが食べたい」「焼き鳥が食べたい」っていいますよ。和食の懐石料理は、食の世界全体への影響力は大きいけれど、懐石料理を食べに日本に来る人は少数派だと思う。僕自身、世界各地で食べた料理で、記憶に深く刻まれているのはほとんどストリートフードです。

かつて、僕にとって神戸牛は「長い会食のコース料理に出てくる高級肉」だった。おいしいかどうかじゃなく、そういう記憶の残り方だったんです。せっかくいい肉なのに、それってすごく残念なこと。

うちの看板メニューのカツサンドは、最上級のチャンピオン神戸牛のシャトーブリアンが５万円です。でも、そこでしか味わえない、クリエイティブでワクワクするような体験は、お客さんに価格という軸を忘れさせることができる。僕は「WAGYUMAFIA」に食べに行くという体験が、たとえば「ディズニーランドへ行く」みたいに、エンターテインメントの一つのカテゴリーとして成立する未来像を描いています。僕らのカツサンドを、見た目そっくりにコピーして５千円で売ることはできたとしても、おいしさと楽しさの体験も含めて、お客さんに気持ちよく5万円を払わせることまでは、きっと真似できないはず。そこに自信と誇

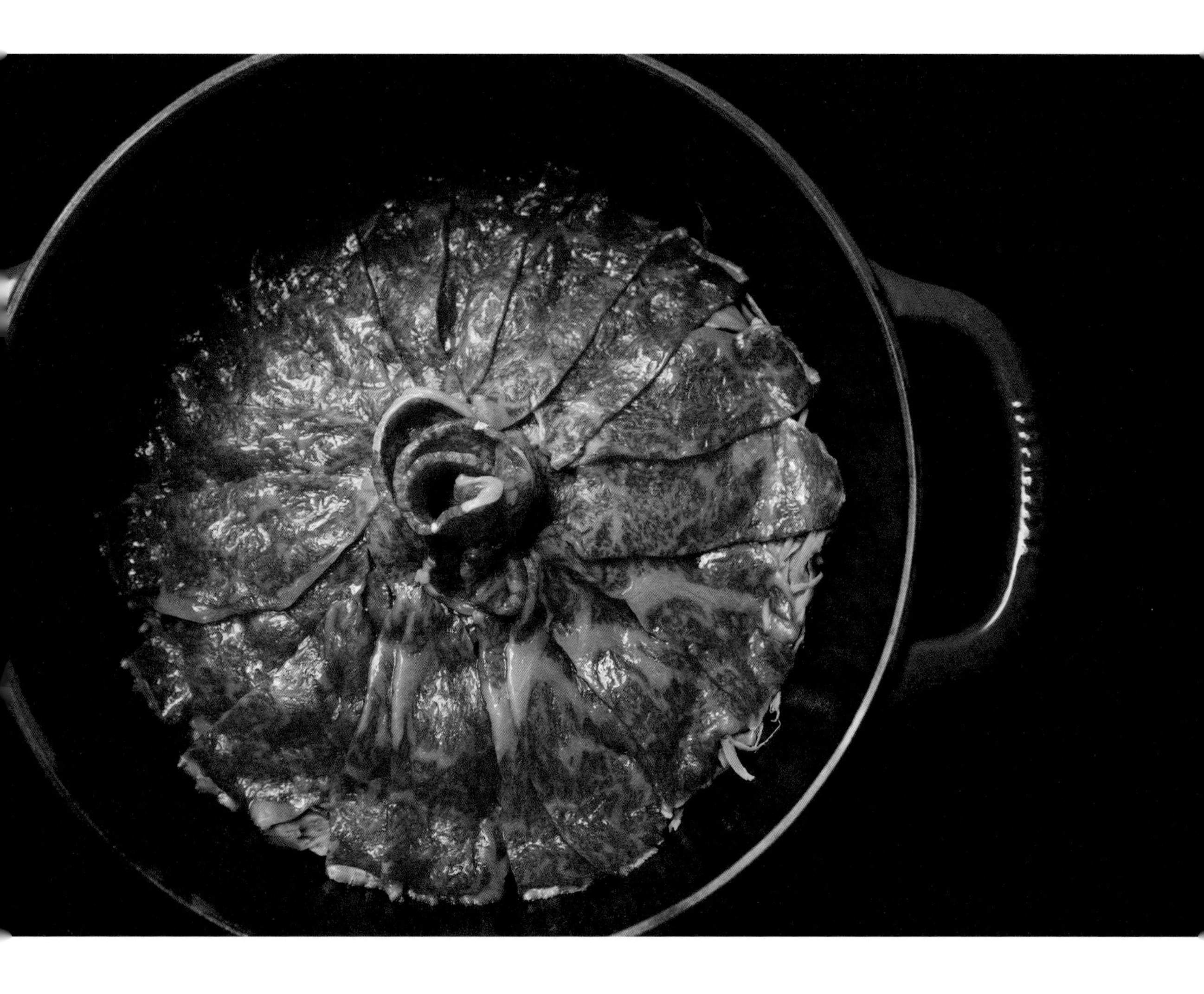

りを持ち、和牛を最高級ブランドとして堂々と世界へ売っていく。それが「WAGYUMAFIA」の使命だと思っています。

僕は英語も話せますが、「WAGYUMAFIA」で今やろうとしているのは、料理という非言語でのグローバルコミュニケーションです。

これまで「WAGYUMAFIA」のワールドツアーを80都市以上で行い、1歳の子どもから80代のお客さんまでと向き合ってきました。そのなかで感じたのは、英語が世界の共通語だとしても、おいしいものを食べる楽しさは、コミュニケーションの力としては言葉よりはるかに大きいということ。英語を話せるのに「言葉で説明しなくても一瞬でわかる料理」にこだわるのは、そういう理由からです。

イベントでは、和牛の塊肉をドンと置き、それをノコギリで切るところからお客さんに見せる解体ショーを行います。高い金額を払って来てくれるのだから、食べて終わり、ではつまらない。お客さんにはしっかり和牛と向き合い、味わうことに神経を集中させてほしいし、ショーを写真に撮ったり、インスタグラムにアップしたりして「WAGYUMAFIA」の時間をとことん楽しんでほしい。そうやって地道に確実に、和牛のファンを世界中に増やしていきたいんです。

もう一つ、ひと月の3分の2は外国を飛び回っているような生活を送っていて感じるのは、日本の外食の価格設定の安さです。海外から帰ってくると「これはちょっとおかしい」と思うくらいに安くて、おいしい。国際基準と照らし合わせてみたら、そのクオリティに対しての値付けが安すぎると思う。

Recipe

WAGYU ROSE THE JEWEL BOX

材料：神戸牛サーロイン薄切肉、米、舞茸、ごぼう、しょうが、実山椒、昆布と鰹のだし、雲丹、トリュフ、大葉、キャビア、金箔

WAGYUMAFIAの香港イベントで、炊き込みご飯を好む香港の人々のために考案したのがはじまり。和牛を主役に世界中の高級食材を惜しみなく使ったスペシャル感は圧巻で、誕生日のゲストにバースデーケーキ代わりに出すこともある。肉の産地に合わせ、米と水も丹波篠山産を使っているが、聞かれなければ、その蘊蓄もわざわざ伝えることはしない。頭ではなく感覚だけで伝わるおいしさを追求する、浜田の強いこだわりがそこにある。

「安くておいしい」の裏側には、働く人の労働環境などの弊害が当然生まれるはずで、それではいけない。食は、人を幸せにするもの。根本的にそういう資質を持っているものなので食の可能性は大きいし、産業全体が潤っていけば、もっともっとたくさんの人が幸せになれる。世界に目を向ければ、ここ日本の食文化の豊かさは、明るい希望に満ちている。僕はそう思っています。

和牛という食材の素晴らしさをアピールするためには、表向きのパフォーマンスとして見える部分だけでなく、それを支える材料もすべて、嘘のない素材であるべきです。醤油や酢、サンドに使うパンや油、すべての食材と調味料。となれば、もちろん調理道具も「本物」を使いたい。

今は自宅のキッチンでも店でも、バーミキュラを使っています。バーミキュラに出会う前は、フランスの有名メーカーの鋳物ホーロー鍋を使っていました。でも、本能的にどこかしっくりきていなかったんでしょうね。バーミキュラの使い心地に満足したとき、そう気付きました。

僕は、使わせてもらう材料が生まれる現場は必ず訪れ、どんな人がどんな想いでつくっているかを見せてもらうことに決めています。すぐバーミキュラの工場も見学させてもらいました。そこで、愛知ドビーという会社の再生と土方兄弟のストーリーを知り、強いシンパシーを感じたんです。オリジナルの製品をつくり上げ、誇りを持って世界を目指そうとしている彼らの心意気と、僕と堀江が「WAGYUMAFIA」でやろうとしていることには、重なる部分があると感じました。

またバーミキュラには性能だけでなく、工芸品のような美しさと高級感も感じられます。海外では長い歴史がある鋳物ホーロー鍋のマーケットに、こうした日本らしい繊細な技術の結晶のような製品が参入していくのは、ワクワクしますよ。

「WAGYUMAFIA」の活動で、肉の切り方や調理法までお客さんに教えるのは、「自分の手でつくること」が「食べる」という体験をよりふくよかにしてくれるから。そのときどんな道具を選ぶかということも、体験に大きく関わってきます。

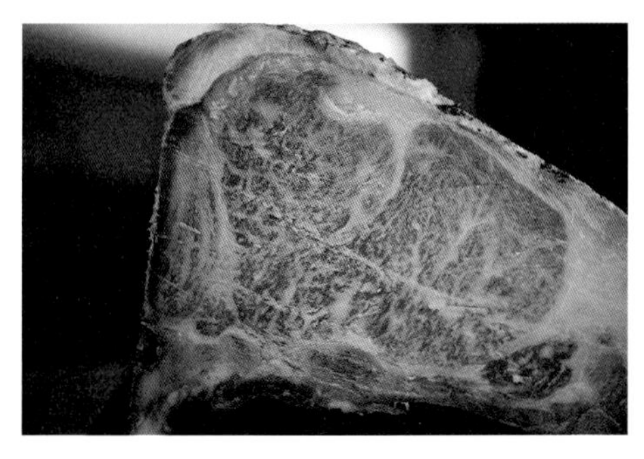

バーミキュラの鍋からは、「食べることをもっと豊かにしたい」という真摯な想いが伝わってくる。せっかく料理をするなら、こんな本物の鍋を使いたい。そう思わせてくれる道具です。

Jérôme Quilbeuf

Nonna maria/Barcelona

profile

モダン・スパニッシュブームの先駆けとして知られるスペインレストラン「サンパウ」。創業者は女性として世界ではじめてミシュラン7ツ星（3ツ星1軒、2ツ星2軒）を獲得したカルメ・ルスカイェーダ。その右腕として頭角を現したシェフ、ジェローム・キルボフは、世界を飛び回り、料理で人と人とをつなぐ。

ジェロームはフランスに生まれ、10代から料理修業をスタート。20代でパリからバルセロナへ移住した。「バルセロナ・ホテルヒルトン」のシェフとして活躍中に「サンパウ」の料理を体験し、その感動からカルメへの弟子入りを決意。入店からわずか1年という異例の速さでアシスタントシェフに昇進。後に「サンパウ東京」のエグゼクティブシェフとして4年間日本に滞在した経歴を持つ。

「サンパウ東京」は、支店の誘いを断り続けてきたカルメが、はじめて海外出店を決めたことで大きな話題を呼んだ。それほど重要な店のシェフを、スペイン出身ではないフランス人の自分が務めていいのか。戸惑うジェロームにカルメは「あなたがミシュラン東京の星に最も近い人物」と答えたという。予言通り、ジェローム率いる「サンパウ東京」は2ツ星を獲得する。

日本滞在を通して和食から様々なインスピレーションを受け、ジェロームの料理は有機的な変化と成長を遂げる。そしてついに「サンパウ」本店のエグゼクティブシェフに就任。3ツ星レストランの味を支え続けた。

その後、ジェロームはバルセロナに拠点を置きながら、自身のピザ店「ノンナマリア」をオープン。他にもローカルキュイジーヌのカジュアルダイニングのコンサルティングなども務める。2019年からは日本に世界中のスターシェフを招待する、大規模なイベント「COOK JAPAN PROJECT」を成功させている。愛情深くチャーミングな人柄で、世界中のシェフたちから慕われるジェロームの存在なくしては実現できなかった企画だ。

ジェロームのキャリアの礎となった「サンパウ」は、本店のオープンから30年以上経ち、東京店は15年を迎えた。フランス人シェフとして、スペインと日本の食文化を軽やかにつなぎ、融合させ、さらなる高みへと導いた料理人としての功績は、カルメだけでなく誰もが認めるところだ。

「サンパウ」でカルメの料理をはじめて食べた瞬間、私の人生は大きく変わりました。その感動を一言で表すなら「一枚の皿の上ですべての素材が生きていた」。食材の加熱状態は一つひとつがベストであり、旨味と風味、食感と色彩がくっきりと際立っていました。当時まだ「サンパウ」は現在ほど有名ではないうえ、創業者であるカルメのことを知らなかったにもかかわらず「これこそ私がつくりたい料理の理想形だ」と確信しました。すでにホテルのレストランシェフだった私でしたが、今まで自分がつくったり食べたりしてきたものすべてが、まったくつまらないものに感じたほどだったのです。

「サンパウ」の料理のベースはスペインの郷土食で、コンセプトは「地産地消」。ですから、私がエグゼクティブシェフとして東京店を任されることになったときもそのコンセプトに沿って、食材は日本のものを使い、東京店オリジナルメニューをつくることにしました。

4年間の日本駐在の後、スペインに戻ってからもメニューの更新のために3カ月に一度、約3週間ずつ日本に滞在しました。つまり1年のうち4分の1を日本で過ごす、ということを数年にわたって続けたのです。時間の積み重ねのなかで、昆布や鰹節と水だけの“だし”で信じられないほど風味豊かになる和食の素晴らしさにも出会っていきました。

カルメもたびたび日本を訪れたので、ともに国内各地を回りながら優れた食材を探し、東京店だけでなくスペインの本店でも使ってみたいと興味がそそられる乾物や調味料をたくさん見つけました。そのいくつかは今も定番の材料として「サンパウ」の味を支えてくれています。

このように「サンパウ」と「サンパウ東京」は、単に本店と支店いう枠を超えた関係です。「サンパウ東京」があったことによって、本店の「サンパウ」も進化し続けられた。その結果30年以上の歴史を紡ぐことができたのですから。

スペインと日本は、距離こそ遠く離れていますが、素材を活かし、シンプルな味つけでいただく料理である点は両者に共通しています。それに日本の食材をスペインの店に取り入れることで、日本を訪れたことのないお客様にもその魅力の一端を伝えられますし、逆に東京店でも、調味料はスペインのものを使うことに不自然さは感じませんでした。その融合は必然であり、私自身、料理人として日本から学んだことはとても大きかったと思っています。

Recipe

秋田産比内地鶏の黒文字フレーバー
ひじき パースニップ さくらんぼ

材料：比内地鶏胸肉、蒸しひじき、パースニップ、さくらんぼ、アマランサスの葉、黒文字の枝

秋田を訪れた際、山菜採りの名人とともに山に入り、ヨーロッパでは嗅いだことのない独特の芳香に魅せられたという黒文字。この枝を燻し、比内地鶏や日本海のひじきに香りを移した、シェフの旅の思い出を表現した料理。好奇心とアイデアにあふれながらも、素材一つひとつの個性を活かした穏やかな味わいから、日本の食材と自然への敬意が伝わる。

当初は、日本からの影響をフュージョン料理として表現していたのですが、その手法がだんだん複雑になっていき、ある時期「ちょっとこれは違うのではないか」と立ち止まりました。そもそも和食の魅力とはだしと水を骨組みとしたシンプルなもの。だからこそ健康的なのです。そしてその考え方は、スペイン料理でも基礎になりうると思いました。そこから軌道修正し、旬の素材を主役に据え、料理が徐々にシンプルに、かつヘルシーになっていったことは、私にとって大きな進化だったと感じています。

バルセロナで自ら立ち上げたビジネスがピザ店であることを意外がられますが、私としては、長く働いてきた「サンパウ」の競合となる店をつくってお客様を取り合うようなことは避けたかったのです。加えて、すべての人に開かれたレストランにしたいという想いから「ノンナマリア」というピザ店をオープンしました。

ピザならば、お金があってもなくても気軽に食べに来られます。実際に私の店では、バルセロナの有名サッカー選手も、清掃業の若者も、人気俳優も、近所に住むおじさ

んも、店に来てくださったお客様は社会的な立場に関係なく、隣り合った席で食事をしています。

それでもイタリアでピザ店を開こうと思ったら、本場の地ゆえの制約を感じたことでしょう。しかしバルセロナであれば、必ずしもソースはトマトソースでなくてもいいし、より自由に解釈を広げてピザという料理に向き合うことができます。それも楽しそうだと思いました。

立地が中心街ではなかったため、オープン当初は店を知っていただくための話題づくりが必要でした。そこで、これまでの人脈を使い、ミシュランの星付きシェフの友人を週替わりで招いて、彼らのオリジナルピザをうちのキッチンでつくってもらうコラボレーションを実施したのです。

記念すべき一人目のシェフは「サンパウ」のカルメにお願いしました。もちろん大評判となりましたよ。「エルバリ」のアルベルトも来てくれました。このコラボレーションによって、生涯で一度も星付きレストランへ行ったことがないというお客様にも、そうした一流店のシェフの料理を食べるという体験をしていただける。そのことにお客様が喜んでくださる姿を見ると、私も幸せになります。

私がコンサルティングした店は、気取りのないローカルキュイジーヌがコンセプトです。スペイン人なら誰でもホッとするような家庭的な料理ですが、素材の質にはこだわり、家の食事では得られない満足感を提供しています。厨房では「バーミキュラ」が大活躍で、バーミキュラの名前を入れたメニューも出していますよ。

バルセロナを拠点にしながらも、世界中のシェフと交流があるのは「サンパウ」時代、カルメが世界各地の料理イベントに呼ばれるたびに、私もアシスタントとして同行していたからです。カルメはすべての料理人にとって雲の上の人でしたが、隣にいる私は誰とでもワイワイ楽しむのが好きな性格なので、親しみやすい存在だったのでしょう。行く先々で料理人仲間が増えていきました。

そんな仲間たちと実現させたのが「COOK JAPAN PROJECT」です。各国のスターシェフたちを期間限定で日本に招き、数日間日本の食材を使った特別な料理を提供する。2019年4月から2020年1月までの企画でしたが、日本にいながら世界のシェフの味を楽しむことができ、さらに日本でしか味わえない食材とシェフの化学反応が高い評価を得て、期間を延長してほしいというオファーが来るほど大成功しました。

このイベントを企画した背景には、私の日本に対する想いがあります。たくさんの国々を旅してきましたが、日本はやはり特別だと感じています。食材のクオリティと多様性、水の美しさや土地の利点を生かしながら純粋な方法で料理をすること、そして料理人の技術を見ても、日本人はガストロノミー界においてトップオブトップ。これは私だけでなく、海外からシェフ仲間を招いて日本を案内するたび、彼らも揃って同じことをいいます。

何より日本料理が素晴らしいのは、健康的であること。もちろんスペイン料理もオリーブオイルがベースのヘルシーな料理ではありますが、だしを基本にしている日本にはかないません。それがフランス料理となると、バターやクリームなしにつくれる料理はどれほど少ないことか、想像が付くでしょう。

我が家は料理人の家系で、料理を生業にしている親戚がたくさんいました。その影響もあって、小学生になると精肉店を営む祖父の店の手伝いをするようになり、自然に料理の道へ進みたいと考えるようになったんです。

15歳で調理専門学校へ入り、学校以外にもレストランでアルバイトをしながら必死で技術を身に付けました。20代でバルセロナへ渡り、当時勤めていたホテルの料理長に勧められて応募したヤングシェフコンテストで入賞。その審査員を「サンパウ」のカルメが務めていたことで、副賞に「サンパウ」の食事券をもらい、店に食べに行ったことが私の運命を変えました。

厨房では海外製の鋳物ホーロー鍋も使ってきましたが、数年前、友人の紹介でバーミキュラの鍋のことを知りました。バーミキュラには、大量生産されている製品とはあきらかに違う、ハンドメイドならではのエネルギーが宿っていると、最初に触れた瞬間から感じました。

愛知県の工場を訪れてみると、私の目には、そこは工場というより「職人たちの工房」に映りました。職人が手作業で、0.01ミリの精度を基準にものづくりをする姿を見て、こうした人間的な場から生まれた製品だからこそ私のハートに響いてくるものがあったのだと納得しました。

そうした感覚は料理人にとって何よりも大切です。とくに調理道具は仕事を支えてくれる重要な存在ですから、使うたびによいエネルギーを受け取れるものを選びたい。バーミキュラには、それがあります。

フィーリングのよさの背景には、私自身とバーミキュラのストーリーにいくつかの共通点があることも影響しているのかもしれません。お互い小さな存在から、よいものをつくりたいという純粋な気持ちと情熱を糧に、地道に努力を重ね、世界を舞台に仕事ができるところまでステップアップしてきた。

また、私は料理人として、バーミキュラは調理道具として、人が生きる上で最も大切な「食べる」という行為に関わっています。食べることは、体のなかにエネルギーを取り込むこと。そのとき、自分の体調やライフスタイル、季節に合ったものを、できるだけ素材を活かしたシンプルな形で取り入れられてこそ、食べものは生きるエネルギーとなってくれます。

バーミキュラの鍋を使って料理をすることは、何より大切なそのことを、お客様やシェフ仲間たちに伝えていくことであり、私なりのバーミキュラとのコラボレーションでもある。そんなふうに考えています。

Recipe

パイナップルとココナッツの
スチームスポンジケーキ

材料：パイナップルピューレ、ココナッツラペ、アーモンドプードル、ベーキングパウダー、卵、グラニュー糖、ラムダーク

乳製品も小麦粉も使わない、グルテンフリー＆ラクトースフリーメニュー。健康志向が強い人、アレルギーを持つ人、自宅にオーブンがない人でも楽しめるデザートを、というコンセプトから生まれたケーキ。材料を混ぜた生地を型に入れ、底にお湯を張ったライスポットで蒸し焼きにしたら完成。バーミキュラの特性を生かした、シンプルながら、体にやさしく沁みわたるような自然な甘みが印象的。

SPECIAL COLLABORATION

オリジナルバーミキュラが できるまで

生江史伸 × VERMICULAR

Shinobu Namae
L'Effervescence, bricolage bread & co.

バーミキュラ開発チームはこれまでスターシェフの要望を形にする数々のコラボレーションを手掛けているが「レフェルヴェソンス」「ブリコラージュ ブレッド＆カンパニー」の生江史伸シェフとのあいだにも斬新なオリジナルモデルが誕生した。

生江シェフのリクエストは「小さなサイズの鍋」。自宅でもレストランでもバーミキュラを愛用するシェフだが、「ブリコラージュ ブレッド＆カンパニー」でお客様にそのまま提供できるものはないかと相談があった。当初バーミキュラ開発チームはスキレットを提案したが、シェフからパンも焼けるような形にして欲しいという要望があり、オリジナルモデルの開発プロジェクトがスタートした。

初回のミーティングでは、バーミキュラ開発チームとブレインストーミングをしながら、生江シェフがその場でスケッチを描き、機能と容量のリクエストを伝えた。

「レストランでの使用を想定すると、かなり具体的な内容になります。たとえば、コース料理のなかでバーミキュラを使ったメニューを一品提案したいと考えると、テーブルに載せたときに邪魔に感じないサイズ感はとても重要。また側面が垂直に立った鍋はフォークやスプーンを入れにくいので、底との接点の角度をゆるやかにして、料理をすくいやすい形にしてほしいということも伝えました」。

ディスカッションのなかで、せっかくフタがあるのだから、皿のように使えるといい、鍋部分でパンを焼いて、お客様に提供するときは、フタを皿のようにして出せるようになどと具体的なイメージが固まっていった。

ミーティングで広がったそれらの条件をクリアしたデザインを起こし、3Dプリンターで型を制作。シェフが実際に型を持ってみて、こうするとより使いやすくなると感じた点を指摘。

修正点を改善した型ができたら、いよいよ試作品をつくる。シェフ自ら現場に入り、生まれてはじめての鍋づくりに挑戦した。

「実は、参加する前はもっとオートメーション化された現場をイメージしていたんです。大事なことは機械に任せ、人間はそのスイッチを操作するだけ、というような。でも

実際はまったく違いましたね。たとえば炉で熔かした鉄を型のなかに注ぎ入れる工程にしても、かかる秒数でまったく違う結果になってしまう。職人の技術に支えられた、緻密な手作業の工程が多いことに驚きました」。

生江シェフのリクエストが叶えられただけでなく、開発チームからのアイデアによって鍋の使い勝手が格段にアップしたことにも感激しているという。

「バーミキュラの最大の特徴である鍋の密閉性によって、フタが開けづらいときがあった。フタと本体の取っ手をずらせばいいのですが、忙しいレストランではその動作がスタッフの負担になることも。そう伝えると、ずらさなくてもフタが開けやすい鳥のくちばしのような愛らしい取っ手の形状を開発してくれたんです」。

当初はもっとトライ＆エラーをくり返す覚悟でいたが、この試作品に心から満足しさっそくレストランやベーカリーにも導入している。

「バーミキュラのものづくりの現場で、職人さんが技術に誇りを持って『おいしさ』を伝えようとする姿に、深い共感を抱きました。僕も、自分の店で働いてくれるスタッフたちは職人集団だと考えていますから。『おいしさ』とは、ただ料理の味だけではない。素材から盛りつけ、お客様との対話までを通して、多角的に、真摯に伝えていくものなのだと、あらためて学ばせてもらった気がします」。

bricolage bread & co.
東日本大震災後の2012年、東北の地での炊き出しで、生江がつくったホワイトソースの煮込みハンバーグを「ル・シュクレ・クール」岩永歩がつくった真っ赤なビーツのパンにはさんで、仮設住宅で避難生活を送る人々に食べてもらったことがきっかけとなり、欲しい場所があるのならば自分たちでつくってしまおうという想いで実現したベーカリーレストラン。スカンジナビアのコーヒー文化を伝える「フグレントウキョウ」小島賢治も参加し、3人がつくる幸せな時間を過ごす場所として多くの人に愛されている。

VERMICULAR

CHAPTER 5

VERMICULAR VILLAGE
and more

運河に臨むブランドの発信拠点
バーミキュラ ビレッジ

かつて「東洋一の大運河」と呼ばれ、名古屋の経済と産業の発展を支えていた中川運河。

昭和40年代以降、水運物流の減少とともに、運河の役割と輝きは失われつつあったが、再生計画によって水質と周辺の環境は改善され、美しい自然の風景を取り戻した。

この運河沿いに、バーミキュラ発売から10年という節目のタイミングで完成したのが、バーミキュラのフラッグシップショップ、レストラン、ベーカリー、ヘッドオフィス、ラボ、アトリエやスタジオといった機能が集結したブランドの発信拠点「バーミキュラ ビレッジ」だ。

運河の流れる中川区は、愛知ドビー創業の地。土方兄弟にとってこの運河は、幼い頃から家と工場を行き来するのにいつも渡っていた思い出深い場所。中川運河の、繁栄と衰退、そこからの復活のドラマが、愛知ドビーという企業の歩みと重なり、「バーミキュラ ビレッジはこの場所でこそやるべきだ」と二人は確信。熱い想いを胸に、運河沿いの再開発プロジェクトへの参加を決意した。

「バーミキュラ ビレッジ」の計画自体は2012年頃からあり、プロジェクトのコンセプトは当初から「お客様とスタッフが一緒にバーミキュラを楽しめる場所をつくる」。

愛知ドビーは、工場でものづくりに励む職人、営業職やクリエイティブ部門の社員、コールセンターのスタッフまでが同じ敷地内で働き、意見を交換し、自社製品の鍋でつくった料理をともに食べることを大切にしてきた。

中川運河沿いの二つのエリアで展開できるここなら、製品を生産する工場にも近く、一体感を保つことができる。

集客がしやすい繁華街よりも、ブランドの歴史が根づいたホームタウンに建てたいという想いを貫き、実現させた「最高のバーミキュラ体験ができる場所」。

一つひとつのコーナーには役割と機能があり、それらが集まり、バーミキュラの製品へのこだわりと美意識を表現。本物の素材と機能を兼ね備えたシンプルなデザインにこだわった空間。ビレッジのあらゆる場所に自分たちがオリジナルでつくった鋳造による素材が使われている。「自分たちのあり続けたい姿」を表現し、幸せな空気感を生み出す。ここは、まさにバーミキュラの夢の村だ。

バーミキュラが提案する新たな食文化
── DINE AREA

全種類のパン、それも1個1個を鋳物ホーロー鍋で焼き上げるという、業界でも画期的なコンセプトを掲げて誕生したのが、DINE AREAのベーカリーカフェ「VERMICULAR POT MADE BAKERY」だ。

POT MADE BAKERYのシェフと、バーミキュラ専属シェフがタッグを組み、鍋の特性を最大限に生かしたオリジナルレシピを考案。バーミキュラで焼くパンの味わいがしっかりと伝わる自信作10種類以上が並ぶ。

レストランの食事パンでもあるプレーンタイプの「ポットメイドブレッド」をはじめ、バーミキュラの代表的メニューを具に仕込んだ「バーミキュラの無水カレーパン」、このベーカリー用に新開発した食パン型で焼き上げた「食パン」、その食パンにバーミキュラで3時間炊いたあんを仕込んだ「あん食パン」など、鋳物ホーローの鍋が、煮物の調理からパンをつくる焼き型までをこなすマルチプレイヤーの道具であることを存分にアピールする。

バーミキュラのパンの最大の特徴は、外はパリッ、なかはしっとり、もっちりとした食感、じんわりと広がる芳醇な甘み、小麦本来の味わいが存分に楽しめることだ。さらに、同じ直径10センチの鍋を使っていても、種類によってフタをして焼いたもの、フタをせずに焼いたものがあり、その味や食感の違いを比べてみるのも面白い。

ここでいただくパンをきっかけに、バーミキュラでパンを焼くことに興味がわいたら、その道具をすぐに購入できるのもビレッジの強みだ。

直径10センチの鍋、食パン型、大きめのカンパーニュを焼くのに使用しているオーバル型の鍋など、このベーカリーのメニューのために新開発された製品を、バーミキュラ ビレッジ限定商品として、STUDIO AREAのフラッグシップショップで販売する。

パン以外のメニューも、一人分ずつ鍋で丁寧に仕上げたビーフシチューやポトフ、バーミキュラで無水調整した季節のコンフィチュールを炭酸水で割ったソーダなど、バーミキュラの鍋で調理したおいしさを、あらゆるメニューで味わうことができる。

POT MADE BAKERY
POT MADE BAKERY
UNOX

POT MADE BAKERY
POT MADE BAKERY

DINE AREAにある、バーミキュラ ビレッジのメインダイニング「VERMICULAR RESTAURANT THE FOUNDRY」は、モーニング、ランチ、ディナーと一日を通して営業する本格派のレストラン。隣の「VERMICULAR POT MADE BAKERY」が普段使いできる気軽な店であるのに対し、こちらは少し非日常感のある空間でスペシャルな食事体験のニーズにも対応する。豊富な銘柄を揃えたバースペースもあり、ソムリエが食事に合わせた飲みものとのマリアージュを提供する。朝のメニューは、バーミキュラで焼き上げたカンパーニュのスライスに卵やフルーツなどをのせたタルティーヌ、パンケーキなど。ランチは、カレーやシチュー、肉料理に魚料理。セットでライスポットの炊きたてごはんが提供される。ディナーはアラカルト形式で、前菜から煮込み料理、ごはんもの、薪窯を使った肉のローストや魚のグリルまで、和洋のカテゴリーにとらわれない、素材本来のおいしさを引き出したバーミキュラ料理が振る舞われる。

このレストランのために揃えられたバーミキュラの鍋は500個以上。調理に使うだけでなく、多くの料理を鍋ごとサーブするスタイルに、ブランドの世界観をまるごと体験してほしいという想いが込められている。

VERMICULAR

レストランの扉を開けると、開放感あふれる吹き抜けの空間に迎えられる。右手にウェイティングスペースのスタイリッシュな暖炉、薪の香りが視覚だけでなく五感からもぬくもりを伝える。左手にバーカウンター。店内には約50席がゆったりと配置され、20席用意されたテラスでは、運河をすぐそばに感じながら食事が楽しめる。水辺には野生の様々な鳥たちが集い、都市生活では意識することのない自然の営みと時の流れを感じることができる。

食器は、岐阜県土岐市の窯元「SAKUZAN」、ナプキンは店内のアートワークも手がけているロサンゼルスのアーティスト「BLOCK SHOP TEXTILES」。

いずれもバーミキュラとコラボレートで制作したビレッジオリジナル商品で、ものづくりに対する姿勢に共通点があり、今回のコラボレートが実現した。

バーミキュラ ビレッジの漆喰壁には、バーミキュラの鍋の生産工程で使う砂が混ぜてあり、磨き加工を施したテクスチャーが印象的。その質感がとくに際立って見えるのが、「THE FOUNDRY」の2階へと続く階段沿いの黒い壁だ。階段の先には、イベントの開催時のみオープンするスペース「CHEF'S TABLE」がある。

ここは、国内外のトップシェフたちを招き、バーミキュラを使った特別な料理を披露してもらう場所としても機能していく。調理場を囲むように設置されたカウンター席からは、トップシェフがバーミキュラを使いこなし、その手と鍋から独創的な料理がくり出される様子を、ライブで楽しむことができる。

バーミキュラ発売から10年という歳月をかけ、着実に積み上げてきた国内外トップシェフたちとの信頼関係は、今ではブランドにとって大切な財産。

「CHEF'S TABLE」では、世界のスターシェフの料理を味わえる貴重な体験を通して、彼らを支える厨房機器としてのバーミキュラの実力を、お客様に伝えていく。

バーミキュラの美意識を体現した FLAGSHIP SHOP & HEAD OFFICE
── STUDIO AREA

STUDIO AREAは、DINE AREAから北へ徒歩1分の場所にある。建物1階には、バーミキュラを「知る」「購入する」「使い方を学ぶ」「メンテナンスする」というユーザーにとってすべての機能を集約している。

フラッグシップショップは、全商品ラインナップを実際に手に取って選べる、世界で唯一の店。定番のオーブンポットラウンドとライスポットの各サイズはもちろん、食パン型やオーバル型の鍋などバーミキュラ ビレッジ限定商品や、新製品の先行販売も行っていく。

商品テーブルの下には引き出しが3段あり、上段には、その鍋でつくるのにおすすめの料理の写真、中段には、製品に付属するレシピブックや関連の小物、下段にはカラーバリエーションが収納され、引き出しを開けながらじっくり詳細をチェックして買い物ができる仕掛け。

周辺の棚や陳列台には、世界のつくり手たちが生み出したキッチンアイテムとともに、バーミキュラの製造現場で使われる道具や鋳造品の端材が並び、バーミキュラの世界観やフィロソフィーを伝える。「アルチザン（職人）」をキーワードにセレクトされた、機能にもデザインにも「本物の美しさ」を備えた道具たちは、バーミキュラの鍋がある暮らしのイメージを、より鮮やかにふくらませてくれる。

ショップやレストランスペースを飾るフラワーアレンジメントはフローリスト「Ruka」の手によるもの。独創的な空間演出で最先端のデザイナーたちも一目置く存在。ビレッジの空間に調和しながら、力強い生命力と自然の美しさを感じさせる植物が、静かな存在感を放っている。

フラッグシップショップのなかにガラスで仕切られたキッチンスタジオでは、専属シェフやコンシェルジュによる、バーミキュラを使用した料理教室を定期開催。ときには世界のトップシェフによる特別な教室や、親子料理教室なども行い、幅広い層に料理の楽しさを伝えていく。

一方、お客様が予約なしでも料理の試作や試食に参加できる、体験型のイベントもある。レジカウンター横の備え付けのキッチンを使い、蒸し野菜やライスポットでつくるチャーハンなど、およそ10分でできる料理をレクチャーする。こうした活動を通して、お客様がバーミキュラに直接触れ、その使い方や味を学ぶことで、購入後の使用がよりスムーズで充実したものになるようサポートする。

ライブラリーコーナーには、天井までの本棚に、世界の料理、デザイン、ものづくりや暮らし、さらに中川運河の歴史に関する本や、キッズが楽しめる児童書まで、約3000冊の本が並ぶ。

レジ隣のコーヒースタンドで買った飲み物を片手に、ベンチに座って本のページをめくれば、バーミキュラの鍋から広がる豊かな暮らしのインスピレーションが、次々と湧いてくるだろう。

常に顧客と共にある
ものづくりを目指して

ショップの奥に位置するラボは、トップシェフのためにオリジナルモデルを開発する工房で鋳造、精密加工、ホーロー加工と、バーミキュラを製造するための一連の機能を備える。

通常のバーミキュラは工場で一貫生産されているが、お客様にもっと深く理解してもらうため、小さなスペースながら、砂を押しかためて型をつくり、そこに熔かした鉄を流し込み、取り出した鍋に旋盤加工を施してホーローがけをするという、鋳造⇒精密加工⇒ホーロー焼成という、バーミキュラの工場の全ての作業工程をここで行うことができる。

職人によるバーミキュラの製造実演や、小さな金型を使用して、錫でミニチュアのバーミキュラをつくる、ものづくり体験のワークショップを行い、バーミキュラの世界を体験してもらう企画も用意している。
また、これまでも世界のトップシェフとコラボレートしてシェフモデルを開発してきたが、今後は特別なバーミキュラをつくる、まさにLaboratory（研究所）として活用していく。

「バーミキュラの家」で暮らすように働く

STUDIO AREAの1階に、バーミキュラとお客様の接点を担う大切な部屋がある。

フラッグシップショップと壁をはさんで隣に位置するカスタマーサポートセンターだ。ここにはバーミキュラの使い方のプロであるコンシェルジュが常駐し、メールや電話で寄せられるお客様からの声に、日々対応している。

使い方やメンテナンスに関する質問のほか、レシピを見てつくっても上手にできないといった相談やトラブルには、スタッフが室内に備えられたキッチンでしっかりと原因を探る。それによって、お客様にとってより具体的で誠実なフォローができる。

バーミキュラチームがビレッジの構想を思い立った当初から強くこだわったのが「すべてのスタッフが同じ場所で働けること」だった。クリエイティブ部門も、営業部も、ショップも、カスタマーサポートセンターも、各部署がつながり合い、みんなでバーミキュラという製品を世に送り出していく。そのチームワークがバーミキュラの基盤を支える、何より大切なものだから。

スタッフとお客様が一緒にバーミキュラを楽しめる場所としての、バーミキュラ ビレッジ。STUDIO AREAはバーミキュラの「家」、DINE AREAは「別荘」というイメージコンセプトを決め、二つのエリアのキャラクターと役割が明確になっていった。

バーミキュラ社員の「家」としてつくられたヘッドオフィスは、STUDIO AREAの2階にある。

家具や照明、インテリアを彩る雑貨まで、一切妥協しない上質なデザインやアートピースに囲まれた空間は、まさに暮らすように働ける場所であり、バーミキュラのこだわりと美意識という世界観の体現を追求した。内装には機能美とストイックなシンプルさを追い求め、真鍮、漆喰、鉄、木と本物の素材にこだわった。すべての部材のサイズにも神経を注ぎミリ単位の調整を施したことで、そこに存在する人やものを際立たせる美しい空間が完成している。「本物の美しさ」に触れながら生活するなかで磨かれる感性と、そこから生まれるアイデアを大切にする、クリエイティブな気風に満ちている。

その空間を彩るのは人であり、バーミキュラの製品、アーティストの作品、そして銘品家具の数々。

STUDIO AREAとDINE AREA双方を演出するアート作品はロサンゼルスで活動するテキスタイルアーティスト「BLOCK SHOP TEXTILES」のもの。インドの伝統的技法のブロックプリントを継承する職人を支援したいという想いや、姉妹で結成したユニットである点など、バーミキュラとの共通点も多い。その互いのシンパシーが、ビレッジのためのオリジナルアートワークの制作にもつながった。

バーミキュラの全スタッフのユニフォームもビレッジのオープンに合わせてデザインを一新した。フランスの古いワークウェアにインスパイアされた服づくりを行うブランド「OUTIL(ウティ)」に特注した。ブランド名はフランス語で「道具」の意味。「衣服を道具として捉えるとき、それはどんな役割を果たすのか」という思想が、バーミキュラのものづくりの理念と共鳴し、ビレッジのレストラン、ベーカリー、ショップで働くスタッフ、さらに工場で働く職人たちのユニフォームの制作も手掛けた。

バーミキュラが掲げる経営理念の一つに「22世紀も社会から選ばれる会社になること」がある。

選ばれる相手は、お客様、社員、地域社会の3つ。バーミキュラは今、製品の素晴らしさによって世界中のお客様から選ばれる存在になりつつある。次は、社員と地域社会への貢献。バーミキュラ ビレッジは、その目標を達成するための場所としても存在意義がある。

一時は時代の流れとともに荒廃し、地域の人々からも見捨てられかけていた状態から、奇跡的な復活を遂げた中川運河。ビレッジ2階のオフィスからの眺めも最高だ。この再生事業の下地づくりは行政が主導して行ってくれたのだから、次は自分たち民間企業がバトンを受けとる番。運河沿いのバーミキュラ ビレッジという複合施設に人々が集い、地域全体が活性化していくことで、社会への貢献を果たしたい。

そうして社会から選ばれる企業で働くことは、社員一人ひとりの誇りとなる。自分の仕事に誇りを持てることは、人と、その家族を、幸せにしていくだろう。

運河側に大きく開かれた窓からの風景は、一日を通して光とともに繊細に変化していく。それを美しいデザインの家具越しに眺める充足感は、バーミキュラ ビレッジに集うすべての人々にもたらされるもの。

STUDIO AREA 3階のメイン機能はスタジオ。専属シェフが開発した新しいレシピの写真や動画を、撮影するための設備がここに整えられている。

もちろんフル装備のキッチンがあり、すぐ隣のベランダのミニガーデンで育てた野菜やハーブを使いながら料理ができる。ここでつくり、撮影したメニューが、ホームページやSNS、ほかの様々なメディアを通じて、バーミキュラの最新形として発信されていく。

キッチンからリビングルームをはさんで奥にあるのは、大きなバーベキューグリルを備える広いバルコニー。ショールームにもなる小屋風のペントハウスも小粋なアクセントだ。ここでは社内のくつろいだパーティーを開くほか、ゲストシェフなどを招いたときは、心を尽くしたおもてなしの場にもなる。「バーミキュラがあることで、暮らしはこんなにも豊かなものになる」。視界を遮られることなく気持ちよく広がる空の下、ここでおいしい食事をみんなで楽しめば、誰もがそう感じられるはずだ。その実感こそが、ブランドと製品の価値を自信を持って世界へと伝えていく、パワーの源となる。

バーミキュラ ビレッジが完成し、旧社屋からオフィスを移してきたばかりなのに、すでにここが居心地のいい家のように感じる、とスタッフが口々に語る。

ショップにもオフィスにも笑顔があり、それが幸せな空気感をつくり出している。空気感とは、何か一つのものから生まれるものではない。人、場所、風景、コミュニケーションなど、たくさんの要素が複合的に重なり、混じり合い、穏やかに醸し出されるもの。

中川運河再生計画は今後も進められ、運河沿いには、緑地やプロムナード、遊覧船の船着場の設置なども予定されている。

それらが一つ、また一つと実現するたびに、バーミキュラ ビレッジのSTUDIO AREAとDINE AREAはさらに自然につながりあう。そして「みんなでバーミキュラを楽しめる場所」という一番の願いも、より確かな手応えをもってかなえられていくだろう。

オフィス内キッチンから生まれるレシピが手料理の楽しみを伝える

「手料理と、生きよう」。ブランドが世に投げかける、シンプルで強いメッセージは、バーミキュラ ビレッジのショップやキッチンスタジオ、カスタマーサポートセンター、そして2階と3階のオフィス空間の至るところにまで備えられたキッチンに反映されている。

レシピブックの制作から、レストランやカフェのメニューづくりまでをこなす、バーミキュラ専属シェフの吉見将宏と戸谷直樹が働くのは、2階オフィスフロアのセンターにあるオープンキッチン。日々ここで新メニューの開発に取り組み、その料理の試食はスタッフ全員で行われる。ブランドコンセプトのままに日常のなかに料理がある。

バーミキュラのスタッフはみな料理を楽しむことに意欲的だ。試作品のレシピや仕上がりの味に対しては率直な意見が飛び交い、全員が「バーミキュラらしい味」と納得できるものだけが、世に送り出されていく。

「世界最高の鍋をつくる」。どこまでもまっすぐな想いで開発された鋳物ホーロー鍋を通して、バーミキュラが今後目指すのは、世界中のすべての家庭、たとえ日々の食事づくりに十分な時間をかけられない忙しい家庭であっても、その家のおいしい食事を支える道具となること。

同時に、プロのシェフからも頼られる一流の調理道具としての品質を進化させていくこと。

一見、対極にある層の両方にアプローチしているようで、実はその先に見ているのは「自分の手でつくったおいしいごはんを食べ、みんなが笑顔になれる風景」だ。

世界最高と認められる道具は、料理の技術も世代も問わず、誰にとっても使いやすくて、「この鍋がないと困る」と思ってもらえる存在でなくてはならない。

そのために、効率的に利益ばかりを求める大量生産ではなく、人間の手仕事や手触りが感じられる、その上で緻密かつ高機能な道具をつくっていくこと。

そして短期間でモデルチェンジをくり返すようなスピード優先の製品づくりではなく、開発に何年かかろうと「自分たちが世界最高と思えるまでは発売しない」という哲学を曲げないこと。

その思想とともに、10年をかけてオーブンポットラウンド、ライスポットという商品を発売してきた。そして念願のバーミキュラ ビレッジ開業。さらに、待望の新製品がいよいよラインアップに加わる日も近い。

バーミキュラは、創業の地にしっかりと根を張りながら、最高の鍋で、ここから世界を目指す。

土方邦裕

愛知ドビー株式会社
代表取締役社長

1974年、愛知県生まれ。
大学卒業後、豊田通商で為替ディーラーを務める。
2001年、祖父が創業した愛知ドビーへ入社し3代目として家業を継ぐ。
鋳造技師の資格を持つ技術者でもある。

土方智晴

愛知ドビー株式会社
代表取締役副社長

1977年、愛知県生まれ。大学卒業後、トヨタ自動車に入社。
原価企画などに携わる。2006年、兄邦裕の要請に応えて愛知ドビーに入社。
精密加工技術を習得し、バーミキュラ全製品のコンセプト策定から
製品開発までを主導する。

VERMICULAR
BRAND BOOK

2020年2月10日　第1刷発行

著　者　VERMICULAR
発行人　久保田貴幸
発行元　株式会社 幻冬舎メディアコンサルティング
〒151-0051 東京都渋谷区千駄ヶ谷4-9-7
電話　03-5411-6440（編集）

発売元　株式会社 幻冬舎
〒151-0051 東京都渋谷区千駄ヶ谷4-9-7
電話　03-5411-6222（営業）

取材・原稿：永峰美佳、小川奈緒
写真：有高唯之
デザイン：BOOTLEG
印刷・製本：大日本印刷株式会社

検印廃止

Printed in Japan
ISBN978-4-344-92672-1 C0070

幻冬舎メディアコンサルティングHP
http://www.gentosha-mc.com/